KB146795

수학으로 들어가 과학으로 나오기

사고 습관을 길러주는 흥미로운 이야기들

수학으로 들어가

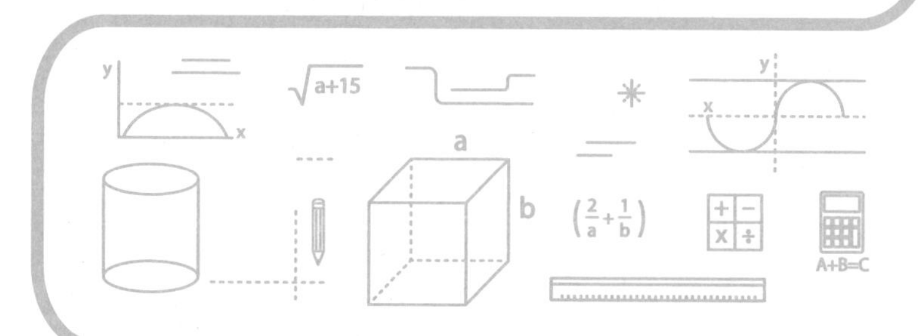

과학으로 나오기

리용러 지음 | 정우석 옮김

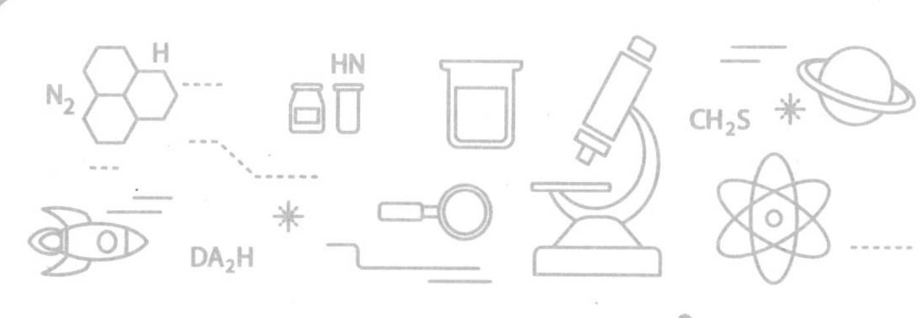

하이픈 HYPHEN

차례

PART I

우리에게 익숙한 수학 이야기

PART II

교과서에서는 만날 수 없는 물리 이야기

PART III

생활 속에서 알아보는 과학 이야기

(X+Y)²

■ 일러두기

1. 한국어판 역주, 영어 및 한자 병기는 본문 안에 작은 글자로 처리했으며, 별도의 표기는 생략했습니다.
2. 인명은 국립국어원의 외래어 표기법에 따라 표기했으며, 규정에 없는 경우는 현지음에 가깝게 표기했습니다.

PART I

우리에게 익숙한 수학 이야기

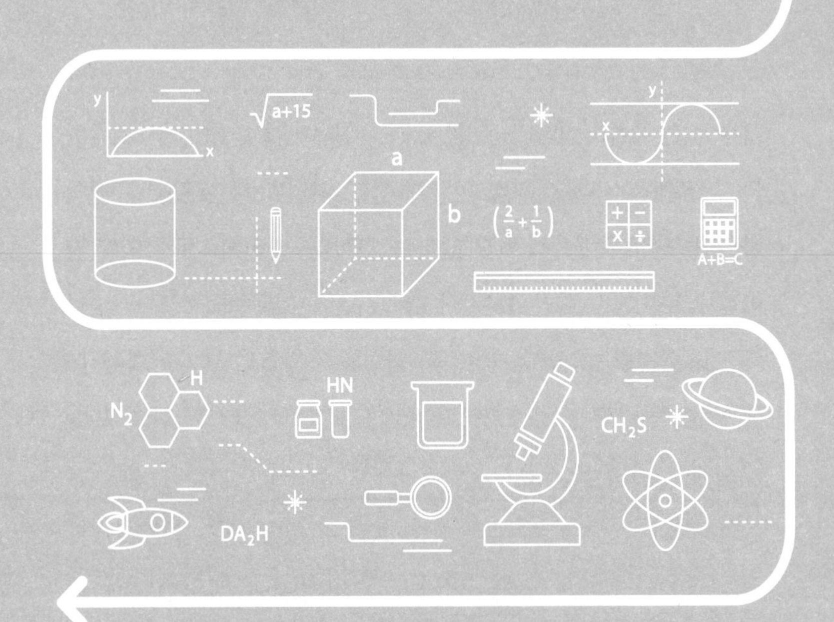

01

세계 최초의 공부 깡패
_ 첫 번째 수학 위기

+×÷

요즘 '공부 깡패'라는 말은 남들보다 월등하게 공부를 잘하는 사람을 가리키는 의미로 쓰곤 한다. 하지만 이 단어의 본래 의미는, 학계에서 자기 지위를 이용해 자기 의견과 다른 사람은 탄압하거나 제거하는 사람을 가리키는 말이다. 그래서 '학계의 악질'이라고 부르기도 한다. 세계 최초의 '공부 깡패'는 누구일까?

만물의 근원은 수

BC 500년경, 지구상에는 국가가 몇 개 없었다. 그런 시기에 그리스의 피타고라스Pythagoras와 그의 학파는 뛰어난 수학적 성과를 거두었다. 대표적인 것으로 피타고라스의 정리Pythagorean theorem가 있다. 피타고라스의 정리는, 직각삼각형에서 직각을 끼고 있는 두 변의 제곱의 합은 빗변의 제곱과 같다는 것을 말한다.

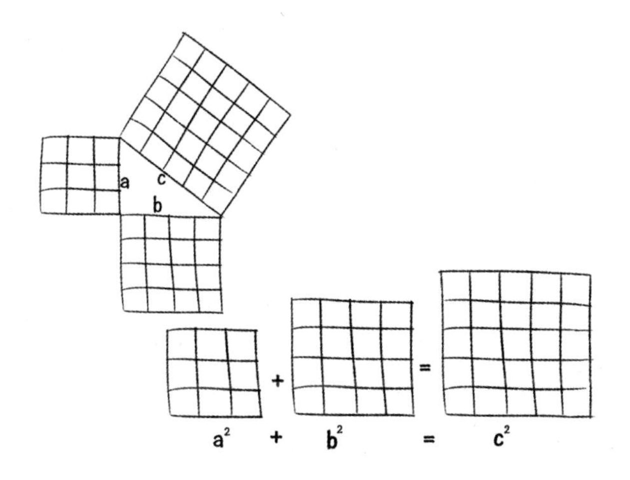

피타고라스학파는 '만물의 근원은 수數', 그것도 '정수整數'라는 관점을 고수했으며, 우주의 본질은 '수'이고, '수'를 연구하는 것이 '우주를 연구하는 것'이라 했다.

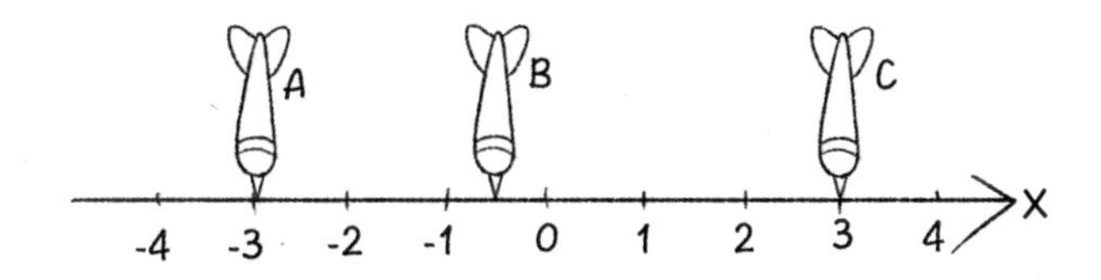

수의 한 축에 다트를 던지면 정수에 꽂힌다. 예를 들면 A점(x=-3), C점(x=3)처럼 정수에 꽂히거나 B점(x=-0.5)에 꽂힐 수 있다. 그럼 B는 어떻게 정수라고 할 수 있을까?

피타고라스는 B가 정수는 아니지만, 두 정수의 비율이라고 말했다. 즉 $-0.5=-\frac{1}{2}$ 이다. B는 정수가 아니지만, 정수로 표현할 수는 있다.

완벽한 유리수

두 정수의 비를 나타내는 수를 유리수有理數라고 한다. 분수가 바로 유리수에 속한다. 정수는 자신과 1의 몫이므로 정수도 유리수이다. 피타고라스의 관점으로 정리하자면, 숫자축의 모든 점은 유리수라고 할 수 있다.

유리수는 세 가지로 나눌 수 있다.

첫째, 정수이다. 예를 들면 0, 1, 2…이 속한다.

둘째, 유한소수이다. 이것은 분수 형태로 표기한다.

예를 들면 $3.5=\frac{7}{2}$, $3.8=\frac{38}{10}=\frac{19}{5}$이다.

셋째, 순환소수이다. 이것은 분수 형태로 표기할 수 있다.

예를 들면 $0.333\cdots=\frac{1}{3}$이다.

그럼 0.343434… 같은 순환소수를 어떻게 분수라고 부를 수 있는지 궁금할 것이다.

수학에서 순환소수를 분수로 바꾸는 방법은, 우선 순환되는 부분의 자리를 세는 것이다. 위의 예에서 반복 순환되는 부분은 34, 두 자리이다. 그런 다음, 다시 반복되는 순환마다 숫자의 개수만큼 분모에 9를 쓴다. 이렇게 하면 $0.343434\cdots=\frac{34}{99}$가 된다.

첫 번째 수학 위기

어느 날, 피타고라스학파의 젊은 학자인 히파소스Hippasus가 질문했다.

"직각삼각형의 두 직각변이 모두 1이라고 할 때, 빗변의 길이는 어떻게 두 정수의 비로 나타낼 수 있죠?"

분명 피타고라스의 정리에 따르면 빗변의 길이는 $\sqrt{2}$이다. $\sqrt{2}$를 어떻게 두 정수의 비로 나타낼까?

히파소스는 이 문제에 대한 해답을 찾지 못해 스승인 피타고라스에게 도움을 청했다. 순진한 히파소스는 피타고라스가 답을 알려 줄 것이라고 생각했지만, 그는 오히려 '만물의 근원은 정수(혹은 정수의 비)'라는 피타고라스학파의 믿음에 의구심이 들게 했다.

피타고라스는 히파소스의 질문에 대한 답을 찾지 못했다. 하지만 자기가 이미 세운 수數와 우주에 대한 신앙과 같은 이론을 무너뜨리고 싶지도 않았다. 그래서 피타고라스는 이 문제를 덮기로 하고, 히파소스를 바다에 빠뜨려 죽였다. 결국 히파소스는 진리를 탐구하다 자신을 헌신한 인물로 역사에 남았고, 피타고라스는 역사상 첫 번째 학계의 악질 '공부 깡패'가 되었다. 그리고 이 사건은 첫 번째 수학 위기로 불리게 되었다.

위기는 어떻게 해결해야 할까?

이 문제를 해결하기 위해 무리수無理數, 실수이면서 분수의 형식으로 나타낼 수 없는 수 개념을 도입했다. 순환하지 않는 무한소수인 무리수는 정수이고, 비를 표시할 수 없다. 예를 들어 원주율 π =3.1415926⋯, 자연상수 e=2.71828⋯, $\sqrt{2}$ 등은 모두 무리수이다.

실수의 개념이 나온 뒤 사람들은 -1을 제곱근풀이 하면 그 결과가 어떻게 나올지 궁금해했다. 하지만 알다시피 어떠한 실수의 제곱도 마이너스가 될 수 없어 -1은 제곱근풀이를 할 수 없다. 그럼에도 불구하고 사람들은 히파소스 덕에 -1도 가치가 있다고 여겨 허수 i라고 부르고 i^2=-1이라 했다. 이후 실수와 허수를 합쳐 '복소수複素數'라고 불렀다.

02 아킬레스는 거북이를 따라잡을 수 있을까? _ 두 번째 수학 위기

+×÷

두 번째 수학 위기는 '무한소無限小'에 관한 논쟁이다. 이 논쟁의 시작은 고대 그리스 시대로 거슬러 올라간다.

제논의 역설

고대 그리스의 수학자 제논Zenon은 시간과 공간의 연속성과 변화 문제를 반박한 역설을 한 사람으로 유명하다. 그는 '아킬레스는 영원히 거북이를 따라잡을 수 없다'는 역설을 남겼다.

고대 그리스 신화 속에 나오는 아킬레스Achilles는 달리기의 일인자이다. 그는 그리스 연합군의 일등 용사로, 바다의 여신 테티스

Thetis와 펠레우스Peleus의 아들이다. 테티스는 아킬레스를 낳자마자 그의 발목을 잡고 저승의 강이라 불리는 스틱스강에 담가 칼과 창에 찔리지 않는 무적의 몸으로 만들어 버렸다. 하지만 발목은 테티스가 움켜쥐고 있어서 강물에 담글 수 없었다. 이것은 아킬레스의 유일한 약점이 되었다. 이후 그는 트로이 전쟁호메로스가 쓴 시에 나오는 고대 그리스와 트로이 사이의 전설적인 전쟁. 트로이 왕자가 스파르타 왕비를 유괴해 전쟁이 일어났는데, 10년 동안 싸운 끝에 그리스군이 트로이를 점령했다고 함에서 적장이 쏜 화살을 뒤꿈치에 맞고 죽었다.

어느 날 거북이가 아킬레스에게 말했다.

"자네가 아무리 빠르다고 한들 영원히 나를 따라잡을 수 없어."

아킬레스는 그 이유를 물어보았다.

거북이는 아킬레스에게 그 이유에 대해 설명했다. 설명은 아래와 같다.

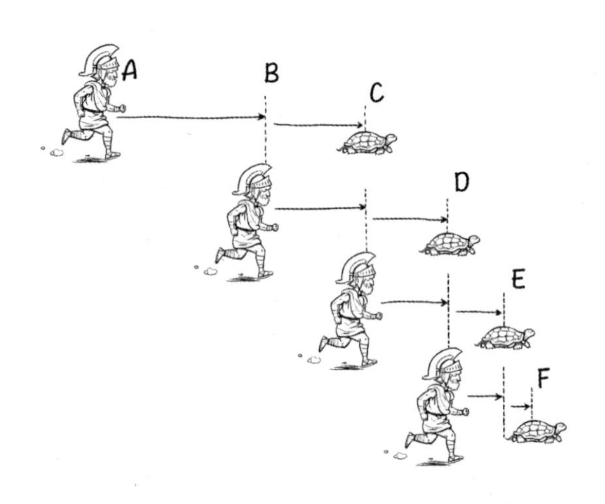

달리기 시합할 때 아킬레스는 뒤쪽 *A* 지점에 서고, 거북이는 그보다 앞인 *B* 지점에 서서 둘이 동시에 출발한다. 아킬레스가 거북이를 따라잡으려면 우선 거북이가 먼저 뛴 *AB* 구간을 따라잡아야 한다. 하지만 이 시간에 거북이도 달리니 아킬레스가 *B* 지점에 도달했을 때 거북이는 이미 *C* 지점에 도달한다. 그래서 아킬레스는 거북이를 따라잡지 못하게 된다. 비록 *BC* 구간 거리가 *AB* 구간보다 짧다고 해도 말이다.

아킬레스는 계속 *BC* 구간을 뛰고, 이 시간에 거북이도 쉬지 않고 *D* 지점을 향해 뛴다. *CD* 구간이 *BC* 구간보다 짧지만, 아킬레스는 여전히 거북이를 따라잡지 못한다.

이렇게 유추하면 아킬레스와 거북이 사이의 거리가 좁아진다고 해도 여전히 0이 되지는 못한다. 따라서 아킬레스는 영원히 거북이를 따라잡지 못하게 된다. 이것이 바로 '제논의 역설'이다.

역설은 보통 동일한 명제 중에 두 가지 상반된 결론을 가리킨다. 하지만 아킬레스가 거북이를 따라잡지 못한다는 제논의 해석은 상식에서 완전히 벗어난 것으로, 사실 '궤변'에 더 가깝다.

이 궤변을 뒤집는 것은 어렵지 않다.

제논은 추격 과정을 *AB*, *BC*, *CD*, *DE*··· 등 무한구간으로 나누었다. 구간이 무한대로 많아지면 누적되는 시간도 자연스레 무한히 길어지기 때문에 따라잡을 수 없다고 보았다. 하지만 실제로는 아킬레스가 달리는 속도는 거북이가 달리는 속도보다 빠르기 때문에 둘의 거리는 갈수록 줄어들고, 시간도 갈수록 짧아진다. 그래서 갈수록 짧아지는 시간의 합은 무한하게 길지 않다.

이 문제를 확실하게 설명하기 위해 추격과정을 축 위에 그린 후 *AB*의 거리를 *L*이라고 가정하자. 이때 편의상 아킬레스가 달리는 속도가 거북이가 달리는 속도보다 2배 빠르다고 하자.

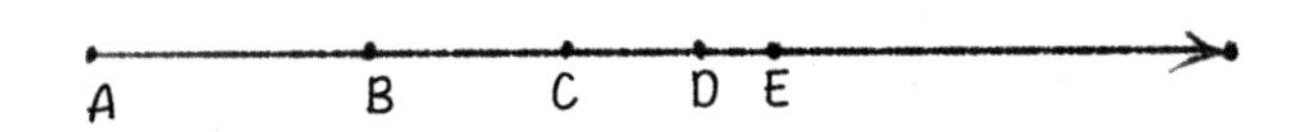

아킬레스가 달리는 속도는 거북이가 달리는 속도보다 2배 빠르기 때문에 같은 시간에 아킬레스가 달린 거리는 거북이가 달린 거리의 2배가 된다. 그러므로 아킬레스가 달린 거리가 $AB=L$이 될 때 거북이가 달린 거리는 $BC=\frac{L}{2}$, 아킬레스가 *BC*를 갈 때 거북이가 달린 거리는 $CD=\frac{L}{4}$이 된다. 또 *N*번째 추격의 거리는 $\frac{L}{2^{N-1}}$이 된다. 만일 N이 무한대로 커지면 이 거리는 0에 가까워지는데, 이를 '무한소'라고 한다.

아킬레스가 거북이를 따라잡으려면 무한한 수의 간격을 추격해야 하고, 이 무한 간격의 거리의 합은 다음과 같다.

$$S = L + \frac{L}{2} + \frac{L}{4} + \frac{L}{8} + \cdots$$

뒤로 갈수록 이 수식의 결과는 $2L$에 가깝다는 것을 알 수 있다. 수식이 무한히 많아지면 아킬레스가 뛴 거리는 $2L$과의 차이가 무한히 줄어든다. 아킬레스가 거북이를 따라잡았을 때 그가 뛰는 데 걸린 총 거리는 $2L$을 넘지 않는다. 마찬가지로 아킬레스가 AB 구간을 뛴 시간이 t라고 가정할 때, 아킬레스가 거북이를 따라잡는 시간은 2t를 넘지 않는다.

미적분의 기초가 된 무한소와 도함수

무한소의 개념을 처음으로 제시한 사람은 제논이다.

그리스 문명의 쇠퇴 이후 유럽의 과학 발전은 진전이 없었다. 그러다 르네상스 시대가 되어서야 아이작 뉴턴Isaac Newton 등 많은 과학자 덕에 과학이 발전하게 되었다.

뉴턴이 뛰어난 물리학자임은 누구나 알고 있지만, 그는 위대한 수학자이기도 했다. 뉴턴이 주장한 뉴턴의 이항정리二項定理, 이분법二分法, 미적분은 근대 수학의 찬란한 성과이다.

미적분은 물리학에서 광범위하게 응용되어 여러 복잡한 문제를 해결하는 데 이용되었다. 미적분 중 한 개념이 바로 도함수導函數, 함수 $f(x)$를 미분하여 얻은 함수이다.

함수표에서 임의로 두 개의 점 P와 M을 정해 y축의 차를 $\Delta y=y_2-y_1$, x축의 차를 $\Delta x=x_2-x_1$로 계산했을 때 $\frac{\Delta y}{\Delta x}$를 두 연결선의 경사율이라고 한다.

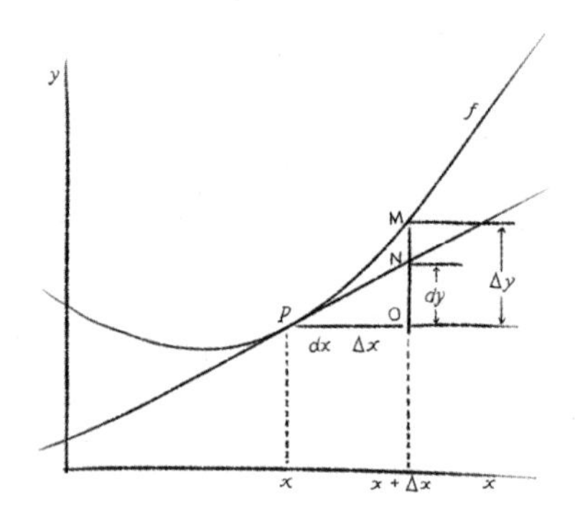

M이 P에 접근하면 PM을 연결하는 선은 P를 넘어가는 접선이 되는데, 이 접선의 경사율을 'P 점의 도함수'라고 부른다. 이때 도함수는 $f'(x)=\lim_{\Delta x \to 0}\frac{\Delta y}{\Delta x}$라고 쓴다. 여기서 lim을 '극한'이라고 부르고 Δx를 '무한소'라고 부른다.

두 번째 수학 위기

뉴턴이 미적분을 발명한 1820년대 무렵에는 무한소에 대한 사람들의 통일된 인식이 없었다. 그러다 닐스 헨리크 아벨Niels Henrik Abel, 오귀스탱 루이 코시Augustin Louis Cauchy, 게오르크 칸토어Georg Cantor 등의 노력으로 1870년대에 이르러서야 사람들은 극한의 기본 정리를 확립한 후 무한소에 대해 합리적인 해석을 내렸다.

뉴턴이 발명한 미적분을 사용하게 된 지 이미 300년이, 제논이 무한소의 개념을 제시한 것은 2500년이 흘렀다. 이처럼 간단해 보이는 개념이라도 수백 년, 심지어 수천 년 동안 논쟁이 생길 수 있는 학문이 바로 수학이다.

사실과 거짓
_ 세 번째 수학 위기

+×÷

"내 말은 거짓이야."

위 문장은 평범한 것 같아도 수학에서는 역설逆說에 해당한다. 만일 이 말이 사실이라면 말 그대로 거짓말을 한 것이지만, 이 말이 거짓이라면 표면적인 의미와는 달리 그의 말은 진실이 된다.

이발사의 역설

영국의 수학자 버트런드 아서 윌리엄 러셀Bertrand Arthur William Russell은 위 내용과 비슷한 역설을 제시했다. 바로 '이발사의 역설Barber paradox'이라 불리는 그것이다.

어느 마을에 엉뚱한 이발사가 살고 있었다. 어느 날 이 이발사는 가게 입구에 다음과 같은 팻말을 걸어두었다.

나는 직접 면도를 하지 않는 사람에게만 면도해 주겠다.

이발사가 걸어놓은 팻말에 따르면, 사람을 두 부류로 나눌 수 있다. 첫 번째 부류는 직접 면도를 하는 사람이고, 두 번째 부류는 직접 면도를 하지 않는 부류이다.

이 이발사는 첫 번째 부류의 사람들에게는 면도해 주지 않고, 두 번째 부류의 사람들에게만 면도해 주었다.

집합론의 문제

어느 날 한 손님이 이발소에 왔다가 팻말을 보고 "당신은 직접 면도하십니까?"라고 물었다. 질문을 받은 이발사는 당황했다. 팻말에 쓴 대로 하려면 이발사는 어떻게 해야 할까?

- 이발사가 직접 면도한다. → 첫 번째 부류
- 자기가 정한 규칙을 따른다. → 이발사는 손님에게 면도해

줄 수 없다.

- 이발사가 직접 면도를 하지 않는다.→두 번째 부류

(규칙대로 손님에게 면도해 줘야 함)

이것은 러셀의 역설을 대중적으로 표현한 것으로, 이 역설은 수학 집합 이론의 한 모순에 관해 제시한 것이다.

집합集合이란 무엇인가? 집합이란 명확한 원소로 모여 구성된 온전한 대상이다. 예를 들면 아래처럼 정리할 수 있다.

A = {1, 2, 3}은 1, 2, 3이라는 3개의 원소가 있는 집합이다.

B = {x | x는 짝수}는 모든 짝수를 포함한 무한개의 원소가 있는 집합이다.

C = {x | x는 트랙터}는 모든 트랙터를 원소로 하는 집합이다.

집합의 원소는 반드시 명확해야 한다. 그래서 일부 개념은 집합이 될 수 없다.

원소와 집합의 관계는 '속함$\in$'과 '속하지 않음$\notin$' 두 가지로 나뉜다. 예를 들어 '1'이라는 원소는 A 집합의 원소지만, B 집합의 원소는 아니다. 이는 $1 \in A$, $1 \notin B$라고 쓴다.

위에 설명한 내용을 이해했다면 러셀 역설의 수학 표현에 대해 토론할 수 있다. 러셀은 집합 S를 자신에게 속하지 않는 모든 집합으로 구성된 집합이라고 설정했다. 즉 $S=\{x \mid x \notin S\}$이다. 그럼 S는 자신에게 속하는가? 만약 S가 자신에게 속한다면 S는 집합에서 규정한 원소의 성질에 부합되지 않기 때문에 S에 속할 수 없다. 그러나 S가 자신에게 속하지 않는다면, S는 집합에서 규정한 원소의 성질에 부합하지만, S는 자신에게 속하지 않는다. 이처럼 이 집합은 자기모순의 결과를 낳기 때문에 이발사의 역설이 생기게 된다.

세 번째 수학 위기

20세기 초, 수학계는 화합과 기쁨이 충만한 분위기였다. 프랑스의 수학자 쥘 앙리 푸앵카레Jules Henri Poincaré는 국제 수학 올림피아드에서 "수학의 엄격성이 실현되었다"고 공개적으로 선포했다. 그 말은 수학자 칸토어가 창시한 집합 이론에 근거한 것이었다.

2천 년 동안 인류는 수많은 개념을 이해하지 못했다. 예를 들어 전체 자연수 1, 2, 3, 4…와 전체 짝수 2, 4, 6, 8… 모두 무한히 많은데, 둘 중 어느 것이 더 많은가?

혹자는 "당연히 자연수가 더 많죠! 3, 5, 7… 같은 홀수가 더 많잖아요"라고 말할 것이다. 하지만 실제로 두 개의 무한수는 이렇게 비교할 수 없다.

칸토어는 집합 이론을 이용해 두 집합의 원소를 일대일 대응할 수 있다면 이 두 집합의 원소 개수는 같다고 주장했다. 예를 들어 자연수의 집합은 짝수의 집합과 일대일 대응할 수 있다. 모든 자연수의 2배가 짝수이기 때문이다. 즉 $x \in \{$ 자연수 $\}$, $y \in \{$ 짝수 $\}$, $y = 2x$ 이다. 따라서 자연수 집합과 짝수 집합의 원소 개수는 같다.

개념이 불분명했던 수많은 문제에 집합 이론을 이용하니 완벽하게 해석할 수 있게 되어, 집합 이론은 수학에 견실한 기초를 세웠다. 독일의 수학자 다비트 힐베르트David Hilbert는 칸토어 집합 이론을 '수학 천재의 가장 우수한 작품'이라고 찬양했다. 하지만 집합 이론이 탄생한 날부터 힐난과 각종 역설이 끊이지 않았다.

수학자들은 집합 이론이 가져온 잠깐의 화목함을 맛본 뒤 다시 해결할 수 없는 위기에 빠졌다. 하지만 이미 집합 이론은 현대 수학의 기초가 되어 수학의 다양한 분야에 스며들었기 때문에 집합 이론에 대한 역설은 커다란 주목을 받았다. '이발사의 역설'은 세 번째 수학 위기가 되었다. 시간이 흘러도 이 문제가 해결되지 못하자, 칸토어는 엄청난 정신적인 스트레스에 시달려 정신병에 걸렸다. 그러다 그는 결국 정신 병원에서 사망했다.

그가 죽은 후 지금까지도 세 번째 수학 위기는 여전히 완벽하게 해결되지 않았다. 수학자들은 그저 제한적인 조건을 인위적으로 추가해 역설의 출현을 회피할 뿐이다.

3.1415926…
_ 원주율 계산법

+×÷

원주율 π는 굉장히 중요하고 신기한 수이다. 고대 그리스 시대부터 지금까지 과학 연구와 공정 기술의 필요에 따라 원주율 계산은 멈춘 적이 없었다. 또 오늘날까지 원주율은 여전히 컴퓨터 계산 능력을 검증하는 방법의 하나다.

일본의 어느 출판사에서 원주율 백만 자리까지를 실은《원주율 1,000000자리표》라는 책을 출간했는데, 이 책은 π의 숫자로만 가득하다.

π ≈ 3.14로 계산한 아르키메데스

BC 300년경 고대 그리스의 수학자 유클리드Euclid는 저서《기하학 원론Euclid's Elements》에서 기하학의 기초를 몇 가지 정리했다. 그 중 하나가 한 점을 기준으로 일정한 거리를 반지름으로 삼으면 원을 만들 수 있다는 것이다. 이에 의하면 모든 원의 둘레와 지름의 비는 항상 일정한 상수이며, 이를 '원주율(π)'이라고 한다. 끈으로 원의 둘레를 잰 후 이를 지름으로 나누면, 원주율은 대략 3이라는 결과가 나온다. 더 정확한 결과는 계산해봐야 한다.

처음으로 π를 3.14로 계산한 사람은 고대 그리스의 수학자이자 물리학자인 아르키메데스Archimedes이다.

아르키메데스는 처음으로 지렛대의 원리와 부력의 법칙을 발견했다. 그는 BC 212년 이탈리아 시칠리아섬 시라쿠사를 공격한 로마 병사에게 피살되었다. 전설에 의하면 그는 죽기 전까지 바닷가 백사장에 원을 그리며 연구에 열중하다 로마 병사에게 "아직 나를 죽이지 말게. 후손들에게 불완전한 기하幾何 문제를 남길 수는 없네"라고 말했다고 한다.

아르키메데스가 원주율을 계산한 방법은, 원에 내접하는 정다각형과 외접하는 정다각형의 둘레를 이용해 원둘레의 근사치를 구하는 것이었다. 이때 정다각형의 개수가 많을수록 정다각형의 둘레는 원의 둘레에 더 근접하게 된다.

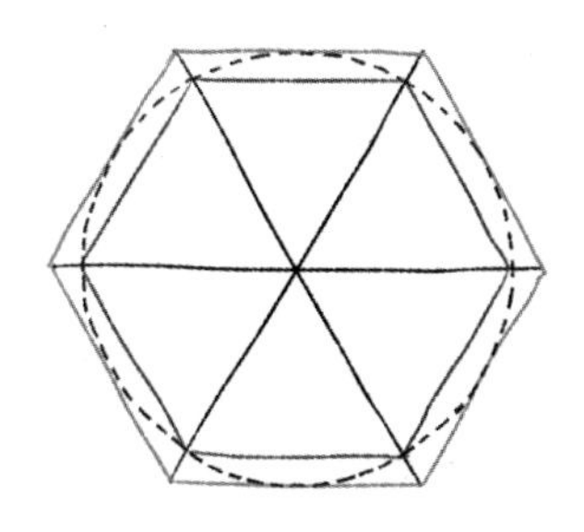

아르키메데스는 다각형을 96개를 그려서 $\pi \approx 3.14$라는 결과를 얻었다.

아르키메데스가 죽은 후 고대 그리스는 로마 병사에게 훼손되고, 시라쿠사는 멸망하게 되었다. 그래서 고대 그리스 문명은 쇠락하고, 원주율의 계산은 아르키메데스가 죽은 이후 천여 년 동안 아무런 발전이 없었다.

류후이와 쭈충즈의 계산법

아르키메데스가 죽은 지 500년이 지난 뒤, 중국의 수학자 류후이劉徽가 원주율의 소수점 4자리까지 계산해냈다. 그는 저서《구장산술주九章算术注》에 계산 방법을 상세하게 설명했다.

류후이의 계산법은 아르키메데스와 같지만, 그는 정N각형의 한 변의 길이 L_N과 정$2N$각형 한 변의 길이 L_{2N}의 순환공식을 제시했다. 게다가 원의 내접을 3072각형으로 계산해 π의 값을 약 3.1416으로 구했다. 그로부터 200년 뒤, 중국 수학자 쭈충즈祖冲之가 세상에 등장했다.

이때 쭈충즈는 원주율을 소수점 아래 7자리까지 계산해 $3.1415926 < \pi < 3.1415927$이라는 결론을 내렸다. 그러나 유감스럽게도 그가 계산한 방법은 전해지지 않는다.

수열을 이용해 계산하는 방법

이 문제는 그다지 어렵지 않다. 그러니 우리도 함께 해보자.

우선 반지름이 1인 원을 그린다.

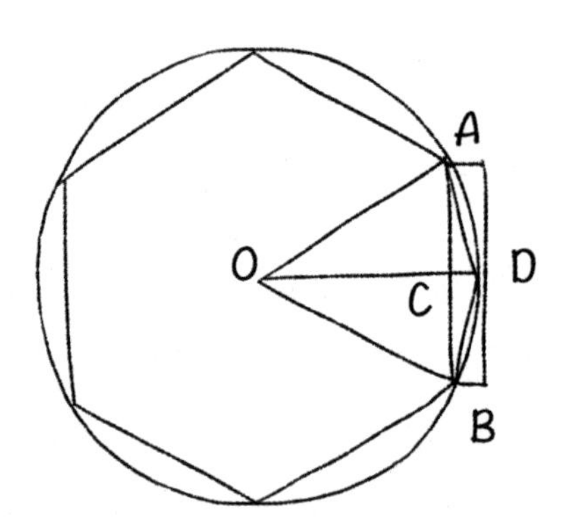

원에 내접한 정N각형의 한 변을 L_N이라고 설정하고, 그림의 AB로 표시한다.

정N각형을 정$2N$각형으로 만들면 변의 길이는 L_{2N}이 되며, 그림의 BD로 표시한다.

삼각형 BCD 중 직각변의 정리는 $BD=\sqrt{BC^2+CD^2}=\sqrt{(\frac{1}{2}AB)^2+(OD-OC)^2}$ 이고, 이 가운데 $AB=L_N$, $OD=1$이며, OC를 삼각형 OCB 중 직각변의 정리를 이용해 계산하면 $OC=\sqrt{OB^2-BC^2}=\sqrt{1-(\frac{1}{2}L_N)^2}$ 이 된다. 이상의 계산에 근거해 얻은 결과는 $L_{2N}=\sqrt{2-\sqrt{4-L_N^2}}$ 이다.

$N=6$일 때 원에 내접한 정육각형의 둘레는 원의 반지름과 같은 $L_6=1$이다. 이 정다각형이 원의 둘레와 근사한 점을 이용하면 원주율은 $\pi\approx\frac{6L_6}{2R}=3$이 된다.

$N=12$일 때 순환공식에 의하면 $L_{12}=\sqrt{2-\sqrt{4-1}}=\sqrt{2-\sqrt{3}}$ 이 되어 이 정다각형이 원의 둘레와 근사한 점을 이용하면 원주율은 $\pi\approx\frac{12L_{12}}{2R}=3.1$이 된다. 이런 방법으로 계산해나가면 더욱 정밀한 결과를 얻을 수 있다.

물론 오늘날은 이미 π를 계산하는 다양한 방법이 있다. 스위스의 수학자이자 물리학자인 레온하르트 오일러Leonhard Euler는 수열을 이용해 π를 계산하는 방법을 제시했다.

$$\frac{1}{1^2}+\frac{1}{2^2}+\frac{1}{3^2}+\cdots=\frac{\pi^2}{6}.$$

이 방법은 할원법보다 훨씬 빠르고 편리하다.

05

피자로 수학을 배우다

_ 미적분 기본 개념

여러분은 학교에서 원의 면적을 계산하는 공식 $S=\pi r^2$을 배웠을 것이다. 여기서 S는 원의 면적, π는 원주율, r은 원의 반지름을 나타낸다. 이 공식은 어떻게 이루어졌을까?

원의 면적 공식

우리는 원의 둘레와 지름의 비를 원주율이라 정의한다는 것을 알고 있다. 그러니 원을 하나 그린 후, 이 원의 반지름을 r, 둘레를 C라고 하자. 즉 $C=2\pi r$ 공식이 원주율 π의 정의이다.

동그란 모양의 피자를 직사각형으로 만들려면, 일단 동그란 모양의 수많은 작은 부채꼴로 나눈다. 그런 후 이 피자 조각을 정반으로 한 조각씩 늘어놓으면 직사각형에 가까운 모양이 된다. 이때 원을 작게 조각낼수록 조각을 맞춰놓은 모양이 직사각형에 더 가까울 것이다.

원을 무한대로 나누면 엄밀히 말해 직사각형이라 할 수 있다. 게다가 이 직사각형의 면적은 원의 면적과 같다.

우리가 원의 면적을 구할 때 이 직사각형의 면적을 구하면 된다. 이 직사각형의 세로가 원의 반지름 r이고, 가로는 원둘레의 절반이다. 공식으로 표현하면 $\frac{1}{2}C=\pi r$이 된다. 직사각형의 면적 공식에 따라 '직사각형 면적 = 가로 × 세로'이므로 원의 면적 공식인 $S=r\times\pi r=\pi r^2$을 구할 수 있다.

사실 이 과정은 매우 간단하다. 먼저 무한대로 나눈 후 이들의 합을 구하면 된다. 분할이 미분微分이고, 합이 적분積分이다. 이것이 미적분微積分의 기본 개념이다.

뉴턴과 라이프니츠의 다툼

미적분은 누가 발명했을까?

고대 그리스 시대부터 수학자들은 이미 미적분 개념을 이용했고, 많은 수학자가 원과 관련된 문제를 풀 때 이 개념을 사용했다. 하지만 그 당시에는 미적분이 아직 이론적 체계를 갖추지 못했다.

17세기에 이르러 물리학에서 천문, 항해 등 문제의 답을 찾는 움직임이 갈수록 많아지자, 미적분에 대한 수요도 점점 더 절박해졌다. 그러다 영국의 저명한 수학자이자 물리학자인 뉴턴과 독일의 철학자이자 수학자인 고트프리트 빌헬름 폰 라이프니츠Gottfried Wilhelm von Leibniz가 미적분을 발명했다.

1665년 22세의 나이로 영국 케임브리지대학교를 졸업한 뉴턴은 원래 학교에 남을 계획이었으나, 영국에 전염병이 돌자 학교가 문을 닫게 되었다. 그래서 뉴턴도 전염병을 피해 고향으로 돌아가는 수밖에 없었다. 그 후 뉴턴은 2년 동안 나무에서 떨어지는 사과를 보고 유율법流率法. 운동에 의해 기술되는 연속적인 양을 다루기 위해 사용함. 무한소

해석에 중요한 개념이 됨을 발명하고 빛의 분산을 발견했으며, 만유인력萬有引力의 법칙을 주장했다.

뉴턴의 유율법은 우리가 말하는 미적분이다. 하지만 뉴턴은 이를 전혀 중요시하지 않았다. 그는 미적분을 수학의 작은 도구로 여기며 물리 문제를 연구하다 생긴 부산물 정도로 취급했다. 그래서 이를 대중에게 공개하는 데 전혀 조급해하지 않았다.

10년 후 라이프니츠는 뉴턴의 수학을 이해하고 그와 편지를 주고받는 사이가 되었다. 1684년 라이프니츠는 연속으로 두 편의 논문을 발표해 정식으로 미적분의 개념을 제시했고, 그렇게 미적분을 처음 발명한 사람이 되었다. 이는 뉴턴이 유율법을 발견한 지 거의 20년이 흐른 뒤였다. 하지만 라이프니츠는 논문에서 뉴턴과의 교류에 대해 언급하지 않았다. 분노한 뉴턴은 유럽 과학계의 권위 있는 학자로서 영국 황실 과학원을 통해 라이프니츠를 공개적으로 질책한 후, 저서《자연철학의 수학적 원리Philosophiae Naturalis Principia Mathematica》에서 라이프니츠와 관련된 부분을 삭제했다. 라이프니츠도 참지 않고 뉴턴을 비아냥거렸다.

두 과학 거장의 논쟁은 두 사람이 세상을 뜨고서도 결론이 나지 않았다. 그렇기 때문에 오늘날 미적분 공식을 '뉴턴 라이프니츠 공식'이라고도 부른다.

미적분으로 면적 계산하기

미적분을 조금 더 잘 이해하기 위해 면적을 계산해 보자.

세 변의 직선과 한 변의 곡선, 두 직각으로 이루어진 나무판이 있다고 가정하자. 이때 이 목판의 면적을 구해 보자.

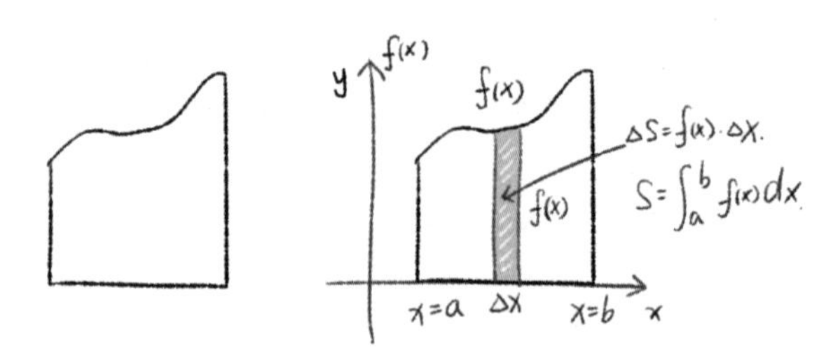

이 면적을 구하려면 우선 목판을 좌표계에 놓고 아래 변을 x축에 포개어 놓는다. 좌우 두 개의 변은 각각 $x=a$와 $x=b$ 두 개의 선에 맞춰 윗변의 곡선은 함수 $f(x)$를 만족시킨다. 함수는 일종의 대응 관계이다. 모든 x에 대응하는 세로는 $f(x)$이다.

이 도형을 y축과 평행인 선으로 무한대로 분할하면, 모든 도형은 직사각형에 근접한다. 직사각형의 가로는 Δx, 세로는 $f(x)$에 근접해 도형 하나의 면적은 $f(x)\Delta x$가 된다.

현재 우리가 구한 도형 하나의 면적을 수많이 더하면 바로 널빤지 면적이 되는데, 이를 $S=\int_a^b f(x)dx$라고 한다. 그중 a는 하한선, b는 상한선, $f(x)$는 적함수라고 부른다. 이것을 적분이라고 하고, 이것은 $f(x)$, $x=a$, $x=b$와 x축 네 선으로 둘러싸인 도형 면적을 나타낸다.

어떤가? 비록 미적분의 계산이 좀 복잡해도 그 원리를 이해하는 것은 그리 어렵지 않을 것이다.

06

한 번에 '田'자를 그릴 수 있을까?

_ 오일러와 쾨니히스베르크의 다리 건너기 문제

+×÷

종이에서 연필을 떼지 않고, 선을 중복하지도 않은 채 단 한 번의 획으로 '田'자를 쓸 수 있을까? 실제로 이것은 18세기의 유명한 수학 문제인 '쾨니히스베르크의 다리 건너기 문제'이다.

쾨니히스베르크의 다리 건너기 문제

프로이센의 쾨니히스베르크에는 7개의 다리가 있었는데, 이 다리는 두 개의 섬과 강기슭을 이어주었다.

근처에 사는 어떤 주민이 재미있는 게임을 제안했다. 한 번에 7개의 다리를 건너는데 모든 다리를 한 번만 건너야 하고, 시작점과 도착점은 반드시 같은 다리여야 한다는 조건이었다. 많은 사람이 이 게임에 도전했지만, 모두 실패하고 말았다.

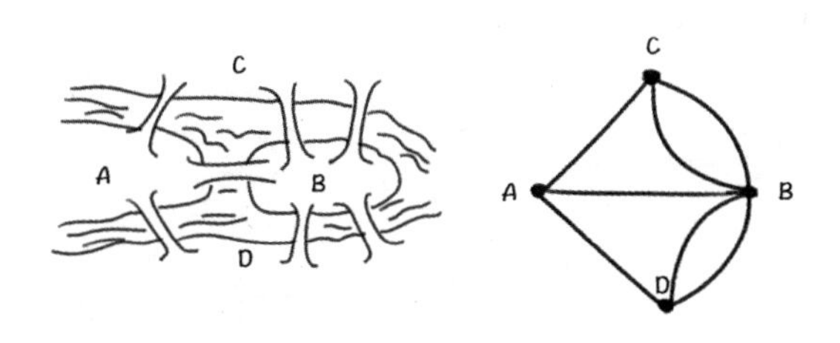

오일러의 '한붓그리기'

당시 세계에서 가장 위대한 수학자였던 오일러가 마침 이곳에 있었다. 그는 이 문제가 심오한 수학 문제임을 알아채곤 이 문제에 '한붓그리기'라는 이름을 붙였다.

오일러는 주민이 제안한 7개의 다리를 7줄의 선으로 그린 후 '한 번에 이 도형을 그릴 수 있는가'로 문제를 바꾸었다. 그러다 그는 오랜 생각 끝에 이 문제는 해결이 불가능하다고 결론 내렸다. 그 대신 오일러는 한 번에 그릴 수 있는 도형과 한 번에 그릴 수 없는 도형의 조건을 찾아냈다.

우선 오일러는 도형의 점을 두 가지로 구분했다. 만일 이 점을 통과하는 선분이 짝수이면 '짝수점'이라고 부르고, 점을 통과하는 선분이 홀수이면 '홀수점'이라고 불렀다.

아래 도형을 예로 들면, 동그라미 점은 짝수점이고, 삼각형 점은 홀수점이다.

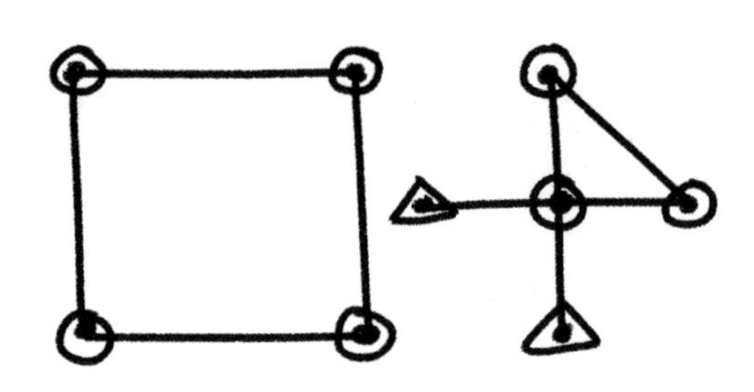

오일러는 도형을 한붓에 그릴 수 있으면 홀수점의 개수는 반드시 0개 또는 2개라고 했다. 만일 홀수점의 개수가 0이면 시작점과 도착점이 같고, 도형 중 어느 점에서 출발하든 한붓에 그릴 수 있다. 위의 그림 중 왼쪽 그림이 이에 해당한다. 홀수점의 개수가 2개라면 하나의 홀수점에서 출발해서 다른 홀수점으로 가야만 도형을 한 번에 그릴 수 있다.

이 문제를 이해하는 것은 어려운 일이 아니다. 만일 한 개의 점이 시작점이나 도착점도 아니라면, 선분은 이 점을 지날 때 반드시 들어왔다 나가게 되어 선분이 두 개 나타나게 되니 짝수점이 된다. 만일 한 개의 점이 시작점이자 도착점이면, 이 점에는 출발 선분과 마무리 선분이 맞닿아 있으니 짝수점이 된다.

이 점이 단지 출발점이거나 도착점이라면 아마도 홀수점일 것이다. 따라서 한 점에서 출발해서 한붓에 이 점까지 돌아오면 도형에 홀수점은 생길 수 없다. 그러나 한 점에서 출발해서 한붓에 다른 점까지 그린다면 도형 중에는 두 개의 홀수점이 있을 것이다. 그 예로 '日'자를 한붓에 그릴 수 있는지 살펴보자.

日자 허리 부분의 두 개의 점은 3개의 선분이 있으니 홀수점이고, 나머지 점은 모두 두 개의 선분이 있어 짝수점이다. 따라서 日자는 허리 부분의 한 점에서 출발해서 다른 점에서 끝나 한붓에 그릴 수 있다. 그러므로 도형 중의 1, 2, 3, 4, 5, 6, 7의 순서대로 따라 그리면 된다.

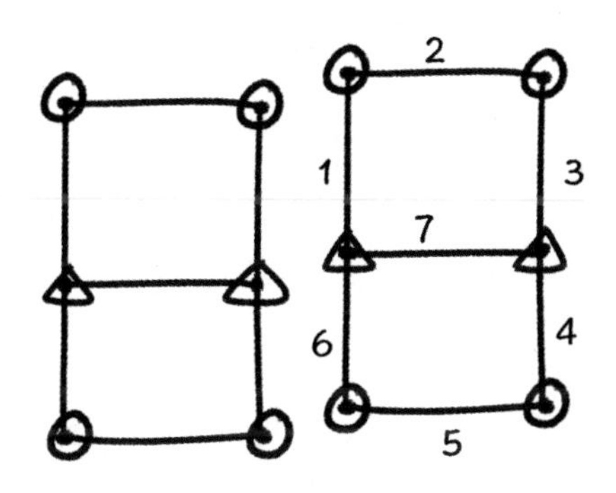

이제 다시 '쾨니히스베르크의 다리 건너기 문제'를 살펴보자.

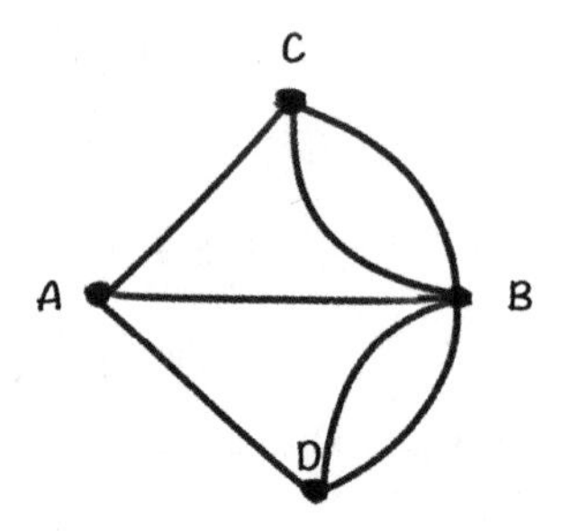

이 도형에서 *A*, *C* 또는 *D*를 지나는 선분은 3개가 있으니 홀수점이다. *B*를 지나는 선분은 5개이니 역시 홀수점이다. 그림에는 4개의 홀수점이 있으니 한붓에 그림을 그릴 수 없다.

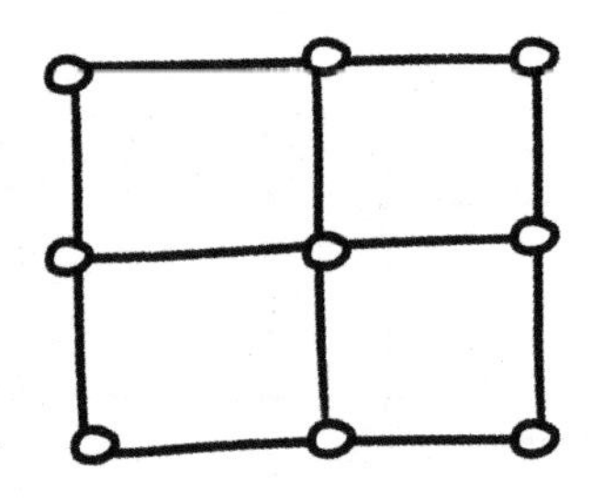

'田'자에는 몇 개의 홀수점이 있을까? 정말 한붓에 그릴 수 있을까?

오일러의 업적

오일러가 상트페테르부르크 과학 아카데미에서 〈쾨니히스베르크의 다리 건너기 문제〉를 발표했을 때, 그는 겨우 29세밖에 되지 않았다. 그는 이 문제를 풀어내면서 수학의 새로운 분야인 그래프와 위상기하학位相幾何學, 길이나 크기 등 양적 관계를 무시하고 도형을 구성하는 점의 연속적 위치 관계에만 착안하는 기하학을 창조했다.

수학계에서 오일러의 지위는 물리학계에서 뉴턴만큼이나 위대했다. 그래서 우리가 수학을 연구할 때 오일러 공식, 오일러 정리, 오일러 함수를 자주 접할 수 있다.

그는 13세에 대학에 입학, 16세에 석사 학위를 취득했으나 병으로 오른쪽 눈을 실명했다. 만년에는 왼쪽 눈마저 실명했다. 하지만 두 눈을 잃은 상황에서도 오일러는 암산으로 수많은 수학 문제를 해결했다.

그는 수학 사상 이정표의 역할을 한 인물일 뿐 아니라 물리학의 발전을 위해 수학의 길을 깔아 준 물리학자이기도 했으며, 평생 886권의 책과 논문을 썼다. 그래서 상트페테르부르크 과학 아카데미는 그가 죽은 뒤 그의 저서를 정리하는 데 무려 47년이나 걸렸다고 한다.

07

1+1을 연구하는 과학자들
_ 과학자들의 추측

+×÷

'과학자들은 왜 1+1=2처럼 당연한 것을 연구하느냐'고 묻는 사람들이 있다. 과학자들이 연구하는 '1+1'이 무엇인지 알려면 우리는 18세기로 거슬러 올라가야 한다.

골드바흐와 '1+1'

18세기 초 러시아의 왕 표트르Pyotr 대제는 새로운 수도 상트페테르부르크를 건설하고, 유럽 문화를 받아들였다.

표트르 1세는 유럽에서 과학자들을 데려왔는데, 독일의 수학자 크리스티안 골드바흐Christian Goldbach도 포함되어 있었다. 그는 연구

도중 모든 짝수는 두 개의 소수의 합으로 분해할 수 있다는 것을 발견했다.

소수小數란 무엇인가? 소수란 약수가 오직 1과 자신뿐인 수를 말한다. 예를 들어 2, 3, 5, 7, 11, 13, 17 등이 모두 소수이다. 이 숫자들은 1과 자신 외 다른 약수가 없다. 소수의 반대는 합성수合成數라고 하는데, 합성수란 1과 자기 외에 다른 약수가 있는 수이다. 6은 합성수이다. 약수 1, 2, 3, 6이 있기 때문이다. 8도 합성수이다. 1, 2, 4, 8이 약수이고, 9는 1, 3, 9를 약수로 가지는 합성수이다.

골드바흐의 추측은 모든 큰 짝수($x \geq 4$)는 두 개의 소수의 합으로 표시할 수 있다는 것이다. 예를 들어 4=2+2, 6=3+3, 8=3+5, 10=3+7이 그것이다.

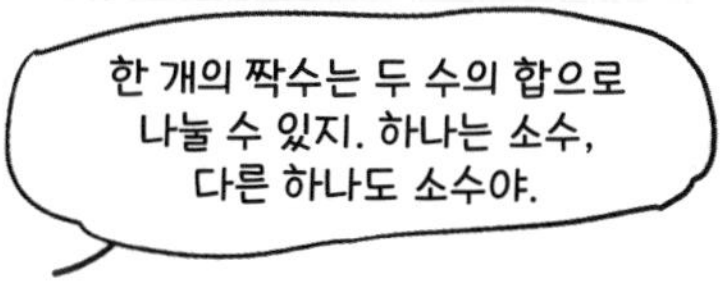

그럼 모든 짝수가 다 가능할까?

많은 사람이 이것을 풀어보려고 했지만, 아직까지 풀지 못했다. 그래서 추측으로 남은 이것을 '1+1'이라고 부르게 되었다.

이 추측을 증명할 수 없었던 골드바흐는 저명한 수학자인 오일러에게 도와달라는 편지를 썼다. 그러나 '우수한 사람 중 가장 우수한 사람'으로 불리는 과학자 오일러 역시 이 문제를 해결하지 못했다.

이 문제는 수학계를 200여 년간이나 괴롭혔다. 그리고 드디어 20세기에 들어 사람들이 이 문제를 둘러싸고 활발한 공격을 펼치기 시작했다.

> 1920년, 노르웨이의 브라운이 '9+9'를 증명했다.
>
> 1924년, 독일의 라데마허가 '7+7'을 증명했다.
>
> 1932년, 영국의 에슬먼이 '6+6'을 증명했다.
>
> 1937년, 이탈리아의 레이시가 '5+7'을 증명했다.
>
> 1938년, 소련의 비노그라도프가 '5+5'를 증명했다.

1940년, 소련의 비노그라도프가 '4+4'를 증명했다.
1956년, 중국의 왕위엔이 '3+4'를 증명했다.
1962년, 중국의 판청동이 '1+5'를 증명했다.
1962년, 중국의 왕위엔이 '1+4'를 증명했다.
1965년, 소련의 비노그라도프가 '1+3'을 증명했다.

'1+3'이 의미하는 것은 무엇일까? 바로 큰 짝수는 반드시 한 개의 소수와 세 개를 넘지 않는 소수의 곱셈의 합으로 분해된다는 것이다. 즉 모든 큰 짝수 x는 반드시 $x=a+b$ 또는 $x=a+bc$ 또는 $x=a+bcd$ 형식이 되고, 여기서 a, b, c, d는 모두 소수이다.

천징룬과 '1+2'

천징룬陈景润은 중국의 유명한 수학자로, 그는 골드바흐의 추측처럼 수업 시간에 과학 이야기를 자주 들으며 자랐다. 선생님은 그에게 '수학은 과학의 왕비'이고, '수학 이론은 왕비의 왕관'이며, '골드바흐의 추측은 그 왕관 위의 찬란하게 빛나는 보석'이라고 비유했다.

천징룬은 이 보석에 관심이 많았으며, 이 문제를 연구하는 데

온 힘을 쏟았다.

천징룬은 인간관계에 서툴고 강의도 잘하지 못했으며 학생들과의 사이도 나빴다. 게다가 몸도 약했다. 사람들은 그를 두고 시험만 잘 볼뿐 실력은 형편없다고 말했다. 그러나 그는 결국 '1+2'를 증명했다.

그는 모든 큰 짝수는 한 개의 소수와 두 개의 소수 곱셈의 합으로 표현할 수 있음을 증명했다. 즉 한 개의 큰 짝수 x가 $x=a+b$ 혹은 $x=a+bc$로 표현될 수 있음을 증명한 것이다. 여기서 a, b, c는 모두 소수이다.

'1+3'에서 '1+2'까지는 작은 한 걸음처럼 보이지만, 실제로는 엄청난 성과로 덕에 '천의 정리'라고 불리며 국제 공인을 받게 되었다.

그러나 천징룬은 아직 '1+1'을 증명하지 못했다. '1+1'까지 한 걸음만 더 나아가면 될 것처럼 보이지만, '1+1'은 여전히 풀지 못한 수수께끼로 남아 있다. 그래서 지금은 새로운 과학 거장의 등장을 기대하고 있다. 그러니 '1+1'의 속뜻은 소수 1개에 소수 1개를 더한 것이지 '1+1'이 왜 2가 되냐의 문제가 아니다.

08 최고의 아마추어 과학자는 누구일까?
_ 페르마의 마지막 정리

‘아마추어 과학자’는 ‘민간 과학 애호가’를 가리키는 말로, ‘과학을 좋아하지만, 그 분야에서 전문적인 일을 하지 않는 사람’을 뜻한다.

이번 장에서는 ‘아마추어 과학자의 왕’이라 불리는 프랑스 변호사 피에르 드 페르마Pierre de Fermat에 대해 알아보자.

페르마의 추측: 페르마 수

페르마는 17세기 프랑스의 변호사로, 기하학, 미적분, 수론, 물리학에 큰 공헌을 했다. 그는 시간이 날 때마다 수학 관련 저서들을 읽고, 연구하며, 자기의 추측을 제시하곤 했다. 또 그의 사상과 안목은 전문가들에게 조금도 뒤지지 않았으며, 당시 프랑스에서 가장 위대한 수학자라 불릴 정도였다.

그는 종종 도서관에서 수학 관련 서적을 읽으며 책 여백에 자신의 추측을 적어놓곤 했다. 덕분에 많은 사람을 곤란하게 만든 난제들이 탄생했다. 심지어 어떤 난제는 전 세계를 수십 년, 심지어 수백 년 동안 사람들을 괴롭혔다.

예를 들어 페르마는 $2^{2^n}+1$의 자연수 n에 어떤 수를 넣어도 그 값은 소수라는 추측을 제시했다.

$n=0$, $2^{2^0}+1=2^1+1=3$은 소수이다.

$n=1$, $2^{2^1}+1=2^2+1=5$는 소수이다.

$n=2$, $2^{2^2}+1=2^4+1=17$은 소수이다.

$n=3$, $2^{2^3}+1=2^8+1=257$은 소수이다.

$n=4$, $2^{2^4}+1=2^{16}+1=65537$은 소수이다.

1640년, 페르마가 제시한 이 추측은 90여 년 동안 수많은 수학자가 머리를 쥐어짜며 풀려고 애를 썼지만, '천재 중의 천재'인 오일러가 등장한 후에야 해결되었다.

오일러는 1732년에 페르마가 한 추측은 잘못되었다고 지적했다. 왜냐하면 $n=5$, $2^{2^5}+1=2^{32}+1=4294967297=641\times6700417$은 소수가 아니기 때문이다.

페르마의 추측을 계산하는데 어떻게 90년이나 걸릴 수 있느냐고 묻는 사람도 있을 것이다. 큰 수의 소인수분해를 하는 것은 매우 어렵기 때문에 그 수가 소수인지 아닌지 판단하는 방법을 아직 찾지 못했다. 그래서 하나하나 약수를 대입하는 방법을 쓸 수밖에 없다. 오늘날의 암호학도 이 원칙을 기본으로 한다.

하지만 오일러가 $n=5$는 소수가 아님을 증명한 후에야 후세 사람들이 몇 가지 페르마의 수를 계산해냈다. $n=5$를 시작으로 $n=11$까지 모두 소수가 아님을 발견했다. 예를 들어 $n=11$일 때를 보자.

$2^{2048}+1=$

32,317,006,071,311,007,300,714,876,688,669,951,960,444,102,6
69,715,484,032,130,345,427,524,655,138,867,890,893,197,201,411
,522,913,463,688,717,960,921,898,019,494,119,559,150,490,921,0
95,088,152,386,448,283,120,630,877,367,300,996,091,750,197,750
,389,652,106,796,057,638,384,067,568,276,792,218,642,619,756,1
61,838,094,338,476,170,470,581,645,852,036,305,042,887,575,89
1,541,065,808,607,552,399,123,930,385,521,914,333,389,668,342,
420,684,974,786,564,569,494,856,176,035,326,322,058,077,805,6
59,331,026,192,708,460,314,150,258,592,864,177,116,725,943,60
3,718,461,857,357,598,351,152,301,645,904,403,697,613,233,287,
231,227,125,684,710,820,209,725,157,101,726,931,323,469,678,5
42,580,656,697,935,045,997,268,352,998,638,215,525,166,389,43
7,335,543,602,135,433,229,604,645,318,478,604,952,148,193,555,
853,611,059,596,230,657

이는 다음과 같다.

319,489×974,849×167,988,556,341,760,475,137×3,560,
841,906,445,833,920,513×173,462,447,179,147,555,430,258,970,8
64,309,778,377,421,844,723,664,084,649,347,019,061,363,579,192,

879,108,857,591,038,330,408,837,177,983,810,868,451,546,421,940,712,978,306,134,189,864,280,826,014,542,758,708,589,243,873,685,563,973,118,948,869,399,158,545,506,611,147,420,216,132,557,017,260,564,139,394,366,945,793,220,968,665,108,959,685,482,705,388,072,645,828,554,151,936,401,912,464,931,182,546,092,879,815,733,057,795,573,358,504,982,279,280,090,942,872,567,591,518,912,118,622,751,714,319,229,788,100,979,251,036,035,496,917,279,912,663,527,358,783,236,647,193,154,777,091,427,745,377,038,294,584,918,917,590,325,110,939,381,322,486,044,298,573,971,650,711,059,244,462,177,542,540,706,913,047,034,664,643,603,491,382,441,723,306,598,834,177

그래서 사람들은 $n=5$일 때부터 페르마의 수는 모두 합성수가 아닐까 하고 생각했다.

현대에는 컴퓨터가 있지만 이 문제를 지금까지도 해결하지 못했다. 그뿐만 아니라 $n=12$일 때 1187자리의 인수를 어떻게 소인수분해 해야 할지 아직 알 수 없다. 페르마의 수가 너무 크기 때문이다.

페르마의 또 다른 추측: 페르마의 마지막 정리

'페르마의 수'보다 더 유명한 추측이 있는데, 오늘날 그 추측은 '페르마의 마지막 정리'라고 부른다.

'정수가 $n>2$일 때 방정식 $x^n+y^n=z^n$을 만족하는 양의 정수 x, y, z는 존재하지 않는다.'

$n=1$일 때 이 방정식은 $x+y=z$가 되므로 양의 정수 x, y, z는 무한히 존재할 수 있다.

$n=2$일 때 이 방정식은 $x^2+y^2=z^2$가 되어 피타고라스의 수가 되고, 역시 무수히 많이 풀이된다. 그럼 $n=3, 4, 5\cdots$ 일 때 양의 정수로 풀이할 수 있을까?

페르마는 평생 전문적인 수학 교육을 받은 적 없지만, 17세기 프랑스의 가장 위대한 수학자였다.

페르마는 1637년에 이 추측을 제시한 후, 당시 보급됐던 수학책인 《아리스메티카Arithmetica》 여백에 '나는 이미 증명을 했다'고 적어 놓았다. 그러나 책에 여백이 없어 증명한 내용은 쓰지 않겠다고 했다.

페르마가 죽은 지 150년이 지난 후, 수학의 신 오일러조차도 $n=3$일 때 만족시키는 양의 정수가 없다는 것만 증명했다.

이 문제는 수학계에서 350년 동안 풀리지 못했다. 그리고 이 시간 동안 오일러, 카를 프리드리히 가우스Carl Friedrich Gauss, 조제프 리우빌Joseph Liouville, 코시 등 세계 일류의 수학자들이 모두 이 추측을 증명하려고 했다. 그러나 이 정리를 증명했다는 사람들이 나타나면, 다시 그 증명에 오류가 있다는 증명을 밝히는 사람이 그 뒤를 이어 나왔다. 하지만 이 추측에 도전하는 과정에서 수많은 수학적 성과를 거두었고, 여기에서 여러 수학 분파가 탄생했다.

1955년 일본의 수학자 타니야마 유타카谷山豊는 타원형 곡선에 관한 문제를 제시했다. 사람들은 이 곡선이 페르마의 추측과 밀접한 관계가 있다는 것을 발견했고, 1995년 영국의 수학자 앤드루 존 와일즈Andrew John Wiles가 페르마의 추측을 증명했다. 와일즈는 이 증명을 잡지에 〈모듈 타원곡선과 페르마의 마지막 정리Modular Forms and Fermat's Last Theorem〉라는 제목으로 기고했는데, 분량이 총 5장, 130페이지에 달했다고 한다.

어떻게 쪽지를 전달할까?

_ 암호학의 원리

아마도 여러분은 수업 시간에 선생님 몰래 친구의 쪽지를 전달하거나 직접 쓴 쪽지를 다른 친구를 통해 전달했던 경험이 있을 것이다. 이렇게 쪽지를 전달할 때 어떻게 하면 다른 사람이 쪽지 내용을 모르게 전달할 수 있을까?

예를 들어 *A*가 *C*에게 'Love'라고 적은 쪽지를 전하려 하는데 거리가 너무 멀어 *B*를 통해 전달해야만 한다면, 어떻게 해야 *B*가 쪽지 내용을 모르게 전달할 수 있을까?

대칭 암호화

수업이 끝난 후 *A*는 *C*에게 몰래 얘기했다.

"앞으로 쪽지를 쓸 때 한 글자씩 밀려 쓸게. 예를 들어 L은 M, o는 p, v는 w, e는 f로 쓰는 거지. 너는 그 쪽지를 읽을 때 한 글자씩 당겨 읽으면 무슨 내용인지 알 수 있어. 이렇게 하면 *B*가 몰래 쪽지를 읽어도 무슨 말인지 모를 거야."

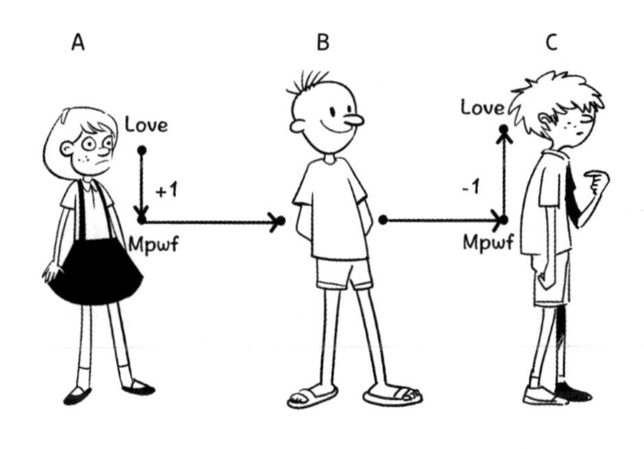

위의 과정은 암호학 중에서도 가장 기본적인 암호화 계산법이고, 이를 '대칭 암호화'라고 한다. 다시 말해, 문자(Love)를 일정한 비밀의 키(-1)에 따라 암호화시켜 암호문(Mpwf)으로 바꾸는 것이다. 상대방은 쪽지를 받은 후에 같은 비밀의 키(-1)로 풀이하면 답(Love)을 얻게 된다.

하지만 이런 암호화 방법에는 문제가 생길 수 있다. *B*는 비밀의 키가 무엇인지 모르지만, 여러 방법을 써서 대입할 수 있기 때문이다.

예를 들어 알파벳 26개의 사용 빈도가 다르다는 것을 이용할 수 있다는 것을 생각해야 한다. 암호문을 대량 입수할 수 있다면 빈도 법칙을 이용해 비밀의 키를 추측해 암호를 해독할 수 있다. 그러니 *A*와 *C*는 이 비밀의 키를 끊임없이 바꿔야 한다. 만약 비밀의 키에 대해 상의하지 못하는 날이 생기거나 비밀번호를 *B*가 엿듣는다면, 그들의 암호는 밝혀질 수 있다. 그래서 비밀의 키(-1)를 상의하는 과정이 암호화 계산의 가장 위험한 부분이다.

비대칭 암호화 알고리즘

*A*와 *C* 두 사람은 *B*가 모를 만한 새로운 방법을 생각해냈다.

---

*C*가 빈 상자를 가져온다. 이 상자는 가득 차야 잠긴다.

*C*는 *B*에게 상자를 *A*에게 전달해 달라고 하고, *A*는 상자에 쪽지를 넣은 후 다른 물건으로 남은 공간을 채운다.

*A*는 다시 *B*에게 상자를 *C*에게 전달해 달라고 한다.

상자의 열쇠는 *C*에게 있다.

*C*는 상자를 받은 후 열어서 쪽지를 읽을 수 있다.

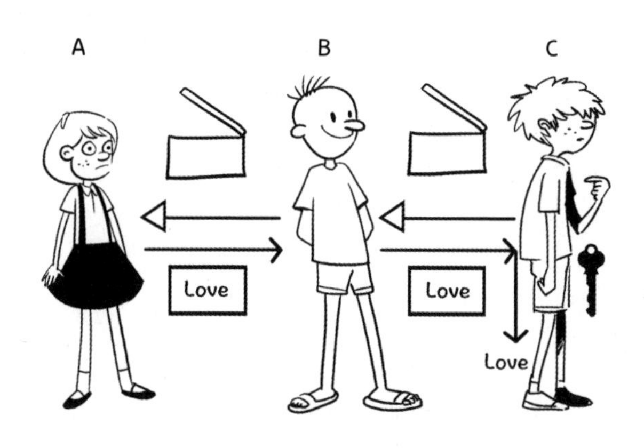

이 방식은 오늘날 보안이 강화된 암호화 방식인 비대칭 암호화 알고리즘이다. 암호화 과정(상자 잠그기)의 방법은 공개되지만, 암호를 푸는 과정에 사용된 암호 키(열쇠)는 공개되지 않는다. 게다가 암호화 과정의 비밀의 키(자물쇠)와 해독 과정의 비밀의 키(열쇠)는 같지 않다. *B*는 상자를 암호화 방법을 알아도 열쇠가 없어서 쪽지 내용이 무엇인지 알 수 없다. 그럼 *B*가 여러 번 시도해서 열쇠를 찾을 수 있지 않을까 생각하는 사람도 있을 것이다. 그건 이 열쇠가 얼마나 복잡한가에 달려 있다.

앞의 두 내용을 통해 우리는 이미 큰 수의 소인수분해가 굉장히 어렵다는 것을 알고 있다. 암호학에서도 암호를 걸고 해독하는 계산에 이를 이용한다. 이런 계산법은 무차별 대입 외에 더 빠른 계산 방법이 아직 밝혀진 것이 없다. 이 방법은 무차별 대입에 드는 시간이 길어, 안정성이 보장된다. 게다가 *C*는 자물쇠와 열쇠를 계속해서 바꿀 수 있다. 이 과정은 *A*와 소통할 필요가 없어서 암호키를 상의하는 문제가 해결된다.

RSA 알고리즘

구체적인 과정은 어떻게 실현할 수 있을까? 과정을 알아보기 위해 대표적인 암호 알고리즘으로 알려진 RSA 알고리즘에 대해 알아보자.

RSA 알고리즘은 오일러의 정리 등 수학 도구를 기반으로 만들어졌다. 오늘날 우리는 이것을 비대칭 암호화 알고리즘 중에서 산업 표준으로 사용한다.

RSA란 이름은 세 사람 이름의 첫 번째 글자를 따서 붙인 것으로, 1977년 MIT 수학자 로널드 리베스트Ronald Rivest, 아디 샤미르Adi Shamir, 레너드 애들먼Leonard Adleman이 고안했다.

위에서 나온 비대칭 암호화 알고리즘을 이용해 예를 들어 보자. *A*가 숫자 *m*을 *C*에게 전달할 때 그 과정은 다음과 같다.

C는 두 개의 소수 p와 q를 찾아 곱한다(n). → 곱한 값을 A에게 전할 때, A는 n을 이용해 전달하는 내용 Love를 암호화하고, 그 결과를 C에게 보낸다. → C는 암호문을 받은 후 원래의 두 소수 p와 q를 이용해 암호문을 푼다(여기서 n은 상자(공개 열쇠)에 해당, p와 q는 열쇠(개인 열쇠)에 해당).

이 과정에서 B는 큰 수 n과 암호문을 획득할 수 있지만, 암호를 풀려면 반드시 개인 열쇠 p와 q를 사용해야만 하고, p와 q가 무엇인지 알아내려면 n을 소인수분해 해야 한다. 하지만 앞서 배웠듯이 큰 수를 소인수분해하기란 매우 어렵다.

오늘날에는 계산 능력이 비약적으로 발전했어도 해독에 성공한 RSA 알고리즘 중 가장 큰 수는 겨우 768자리의 이진수二進數이다. 현재 일반적으로 사용되는 RSA 알고리즘의 큰 수 n은 1024, 2048 또는 4096자리의 이진수이다. 이렇게 큰 수는 제한적인 시간 내에 컴퓨터로도 소인수분해 할 수 없어 안전성이 보장된다. 하지만 과학자의 연구에 의하면 양자 컴퓨터가 발명되면 큰 수의 소인수분해 시간이 대폭 축소되어 전통적인 비밀번호는 위험하게 될 것이라고 한다.

그래도 걱정할 필요는 없다. 그때가 되면 과학자들이 지금보다 더 좋은 암호화 방법을 생각해낼 테니까.

10 평행선은 존재할까?
_ 유클리드 기하학, 비유클리드 기하학

+×÷

평행선이 무엇이냐고 물어보면 아마도 많은 사람들은 '서로 만나지 않는 두 직선'이라고 대답할 것이다.

우리는 이미 학교에서 '선 밖의 한 점을 지나 그 직선에 평행한 직선은 단 하나만 존재한다'고 배웠다. 하지만 이 문제는 그렇게 간단하지 않다. 사람들이 평행선에 대한 정의를 명확하게 밝히는 데 무려 2천여 년이나 걸렸다.

유클리드 기하학

BC 300년, 고대 그리스의 수학자 유클리드는 《기하학원론

Stoicheia》이라는 책을 썼다.

13권으로 구성된 이 책은 2천여 년 동안 기하학 분야의 주요 교재로 사용될 정도로 깊이 있는 내용을 담고 있으며, 여러 언어로 번역되어 세계에 전해졌다. 오늘날까지 수학자들은 여전히 이 책의 평면 기하학의 점, 선, 면과 입체모형을 빌려 수학 연구를 한다.

《기하학원론》에서 유클리드는 '공준公準'을 제시했다. 그가 제시한 '공준'은 증명이 불가능한 명제로, 다섯 가지가 있다.

1. 임의의 서로 다른 두 점은 직선으로 연결할 수 있다.
2. 임의의 직선은 무한히 연장할 수 있다.
3. 임의의 점을 중심으로 하고 선분을 반지름으로 해서 원을 그릴 수 있다.
4. 모든 직각은 똑같다.
5. 선 밖의 한 점을 지나 그 직선에 평행한 직선은 단 하나만 존재한다.

유클리드는 이 다섯 가지 공준에서 출발해 일련의 정리를 도출해냈다. 이 5개의 기본 가설과 연결해 도출한 정리를 '유클리드 기하학'이라고 부르며, 이것이 바로 우리가 배운 기하학이다.

아마 독자들은 '삼각형 내각의 합은 180도'라는 것을 알 것이다. 이것은 전형적인 정리를 예로 든 것 중 하나이다.

로바쳅스키 기하학

이 다섯 가지 공준 덕에 기하학 연구에서 만족할 만한 성과를 이루었지만, 사람들은 제5 공준이 너무 복잡하게 표현되었다고 생각했다. 지금처럼 간략하게 정리된 형식이 아닌, 당시에 유클리드가 쓴 표현은 다음과 같다.

'임의의 직선이 두 직선과 만날 때 교차되는 각의 내각의 합이 두 직각보다 작을 때, 두 직선을 계속 연장하면 두 각의 합이 두 직각보다 작은 쪽에서 교차한다.'

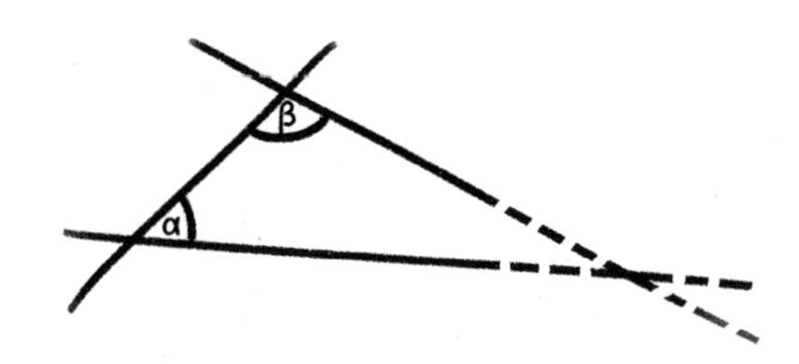

일부 수학자들은 제5 공준은 공준이 아닌 앞에 나온 4개의 공준으로 이끌어낸 정리라고 주장했다. 그래서 그렇게 주장한 많은 수학자는 오랜 시간 동안 이 난제를 해결하려 앞의 4개의 공준을 이용해 제5 공준을 만들려고 했지만, 결국 실패했다. 첫 번째로 돌파구를 찾은 사람은 러시아의 수학자 니콜라이 이바노비치 로바쳅스키Nikolai Ivanovich Lobachevsky이다.

로바쳅스키의 아버지도 수학자였으며, 제5 공준을 증명하기 위해 일생을 바쳤다. 그는 아들인 로바쳅스키도 제5 공준을 증명하는 연구를 하고 있다는 것을 알게 된 후, 아들에게 '절대 이 문제를 연구하지 말거라. 내가 거의 모든 방법을 다 동원해 연구했지만 결국 실패했다. 너도 이 늪에 빠지기를 바라지 않는다'라는 내용의 편지를 보냈다.

하지만 로바쳅스키는 아버지의 말을 듣지 않았다. 그는 앞선 사람들과 다른 방법을 썼다. 그 전의 사람들은 모두 4개의 공준으로 제5 공준을 도출해내려 연구했지만, 로바쳅스키는 반대로 제5 공준을 '선 밖의 한 점을 지나 그 직선에 평행한 직선은 둘 이상 존재한다'라고 수정했다.

제5 공준이 증명되면, 수정한 제5 공준은 필연적으로 앞선 4개의 공준과 상호 모순이 생긴다. 따라서 앞선 4개의 공준과 수정한 제5 공준에서 연역법을 이용해 평면 기하학 정리를 도출하면 틀림없이 이 모순을 찾을 수 있게 된다. 그는 이렇게 실마리를 잡아 제5 공준을 증명할 생각이었다.

로바쳅스키는 유클리드의 4가지 공준과 수정한 제5 공준으로 평면 기하학 중의 모든 정리를 유출해냈는데, 그 어떤 모순점도 발견하지 못했다. 이것으로 그는 마침내 제5 공준은 정말 공준이지만 앞의 4개의 공준으로 증명해낼 수 없음을 이해했다.

제5 공준이 증명할 수 없는 일종의 가설이라면, 우리도 이런 가설을 바꿀 수 있다. 그래서 로바쳅스키는 제5 공준을 직선의 한 점을 지나는 직선은 무한히 있다는 자신만의 기하학으로 만들어 '로바쳅스키 기하학'이라고 했다.

로바쳅스키 기하학의 수많은 규율은 유클리드 기하학과 다르다. 그중 가장 대표적인 것이 '삼각형 내각의 합'이다. 로바쳅스키의 기하학에서는 삼각형의 내각의 합이 180도가 아닌 180도보다 작다. 구체적인 수치는 삼각형의 면적과 관련이 있다.

삼각형의 면적이 클수록 내각의 합은 작아진다. 만일 삼각형 면적이 무한히 커지면 내각의 합은 심지어 0이 될 수도 있다. 쌍곡면에 삼각형을 그리면 내각의 합은 180도보다 작기 때문에 로바쳅스키 기하학은 '쌍곡 기하학'이라고 부르기도 한다.

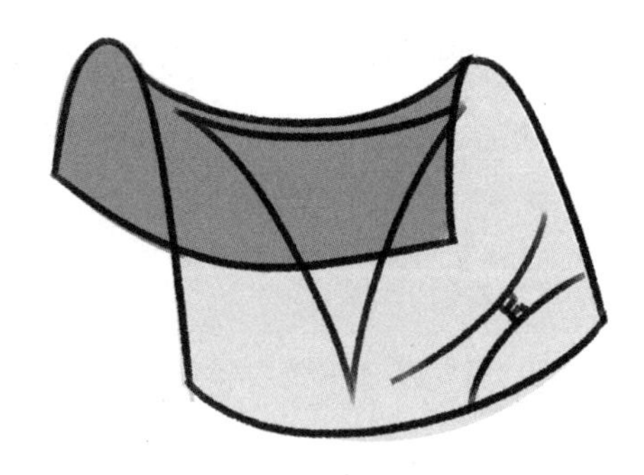

1826년 34세의 로바쳅스키는 러시아 카잔연방대학교 물리수학 학술회의에서 비非유클리드 기하학에 관한 논문을 발표했다.

이 논문이 공개되자 전통 수학자들은 그를 비웃었다. 그들은 비유클리드 기하학에 대해 '영문을 모르겠다'라는 반응이었다. 시간이 흘러 로바쳅스키는 카잔연방대학교의 총장으로 추대되었지만, 수학계는 여전히 그의 성과를 인정하지 않았다.

사실 로바쳅스키가 비유클리드 기하학 이론을 제시했을 때, 당시 세계에서 가장 우수한 수학자이자 오일러와 어깨를 나란히 하며 수학의 왕이라 불리는 독일의 수학자 가우스도 로바쳅스키와 같은 생각을 하고 있었다. 그러나 가우스는 새로운 기하학이 학술계의 불만과 사회의 반대를 불러일으켜 그의 명성에 영향을 미칠 것이 두려웠다(그래서 그의 생전에는 이 중대한 발견을 세상에 공개하지 못했다).

가우스는 로바쳅스키의 논문을 본 후 친구에게 그가 러시아에서 가장 우수한 수학자라고 말했고, 심지어 그가 쓴 책을 읽기 위해 러시아어를 배워야겠다는 결심도 했다. 하지만 공개적인 장소에서는 비유클리드 기하학에 대해 지지하지 않았다. 그가 죽은 후에야 사람들은 비유클리드 기하학의 의미를 깨달았다.

1893년 그가 일했던 카잔연방대학교에 조각상이 세워졌다. 이 조각상은 바로 러시아의 위대한 학자, 비유클리드 기하학의 창시자 로바쳅스키의 조각상이자 세계에서 가장 첫 번째로 수학자를 기리는 조각상이었다.

리만 기하학

로바쳅스키가 제5 공준 중 평행선의 수를 여러 개로 바꾸었다면, 선을 없애는 것도 가능하지 않겠는가. 그래서 독일의 수학자 게오르크 프리드리히 베른하르트 리만Georg Friedrich Bernhard Riemann은 제5 공준을 '선 밖의 한 점을 지나 그 직선에 평행한 직선은 하나도 존재하지 않는다'라는 '리만 기하학'을 창시했다. 이 리만 기하학은 타원체의 구면에서 구현되었기 때문에 '타원 기하학'이라고도 부른다.

리만 기하학에서 직선은 무한히 연장할 수 있지만 총 길이는 유한한 데다 평행선의 개념도 없었다. 그럼 지구의 두 위도가 평행이 아니냐는 의구심이 들 수 있다. 간단히 말해 지구상에는 오직 큰 원(원심이 구심에 있는 원)만이 '직선'이라고 부를 수 있고, 임의의 두 개의 대원은 반드시 서로 교차한다.

리만 기하학은 공간 자체가 직선이 아닌 곡선이기 때문에 알베르트 아인슈타인Albert Einstein의 일반 상대성 이론相對性理論이나 뉴턴 역학의 절대 공간과 절대 시간을 부정하고, 아인슈타인이 처음으로 세운 특수 상대성 이론과 일반 상대성 이론을 통틀어 이름에 큰 영향을 주었다.

전해지는 이야기에 의하면 아인슈타인은 일반 상대성 이론을 연구할 때 여러 수학적 어려움을 겪었다고 한다. 그러다 '리만 기하학'이라는 유용한 도구를 발견하고서야 순조롭게 수학으로 자기 생각을 표현할 수 있었다고 전해진다.

수학은 가설과 논리에서 출발해 많은 결론을 연역해낸다. 어쩌면 수학자들은 자기들이 한 연구 결과가 생활 속에서 어떻게 응용될지 모른 채 연구를 계속했을 수도 있다. 하지만 수학자들이 이렇게 창조적인 일을 한 덕에 다른 과학자들은 더욱 편리하게 이 세계를 해석할 수 있게 되었다.

11 사차원공간이란?
_ 유클리드의 고차원 공간

+×÷

사차원공간을 말할 때 삼차원공간에 시간 축을 더한 것이라 하는 사람이 있는데, 이는 잘못된 생각이다. 삼차원공간에 시간 축을 더한 것은 상대성 이론에서 사용되는 독일의 수학자 헤르만 민코프스키Hermann Minkowskii가 말한 사차원의 시공간時空間을 가리키지 전형적인 사차원 공간을 가리키는 것이 아니다.

앞에서 기하학이 유클리드 기하학과 비유클리드 기하학으로 나뉘며, 그 기준은 제5 공준의 차이라고 언급했었다. 유클리드 기하학의 공간은 평면 공간이며, 비유클리드 공간은 '포물 공간'이라고 한다.

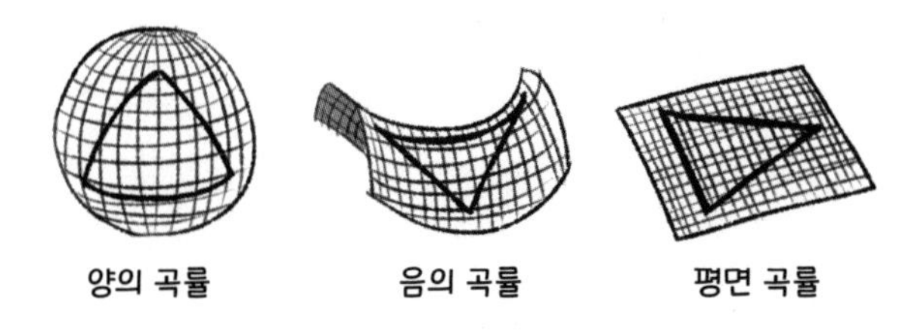

유클리드 기하학 중 고차원 공간은 어떤 모습인지 알아보자.

삼차원 이하의 유클리드 공간은 비교적 이해하기 쉽다. 영차원은 점, 일차원은 직선, 이차원은 평면, 삼차원은 입체다. 우리 상상력은 여기까지다. 우리가 생활하는 공간이 삼차원이기 때문이다.

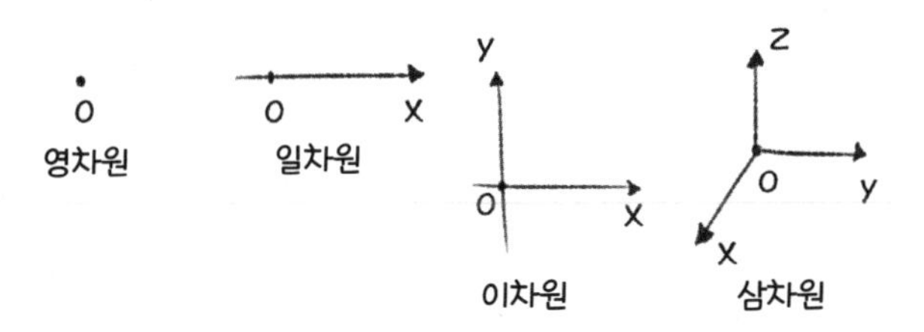

차원은 수학적 개념이다. 수학으로 우주를 해석할 수 있지만, 수학 자체는 우주를 책임질 수 없다. 다시 말해, 수학은 우주 차원의 제한을 돌파할 수 있다. 우리가 앞서 나온 저차원 공간의 규칙에 따라 추론하면, 고차원 공간의 성질을 파악할 수 있다.

고차원 큐브

우선 N차원 공간은 N 가닥이 공간을 지나는 임의의 점에서 상호 교차하는 직선 공간이다.

예를 들어 영차원공간은 하나의 점으로 상호 교차하는 직선이 나올 수 없다.

일차원공간은 하나의 선으로, 그중 임의의 점을 지나는 하나의 직선을 그릴 수 있다.

이차원공간은 평면으로, 그중 임의의 점에서 상호 교차하는 두 개의 수직선을 만들 수 있다.

삼차원공간은 입체인 삼차원으로, 공간 중 임의의 한 점에서 교차하는 3개의 직선을 만들 수 있다.

이로부터 N차원 공간이 공간 중의 임의의 한 점을 지나 N개의 상호 교차하는 직선의 공간임을 추측할 수 있다.

사차원공간을 예로 들면, 그 중 임의의 한 점에서 상호 교차하는 4개의 직선을 만들 수 있다. 두 개의 삼차원 큐브의 모든 꼭짓점이 4개의 직선으로 상호 교차하는 모습을 상상할 수 있다.

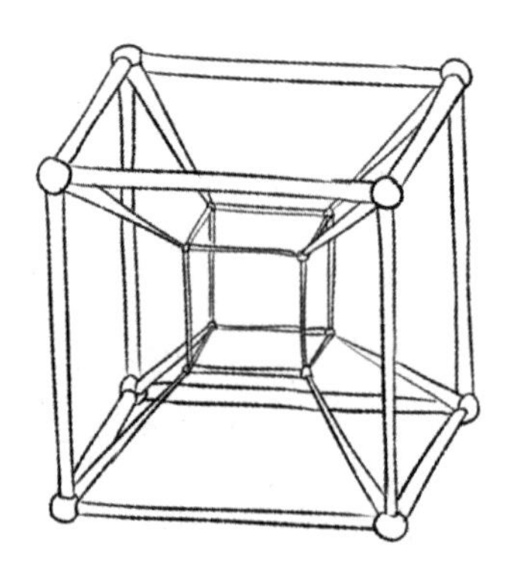

"틀렸어요! 모든 꼭짓점에서 4개의 선이 지난다고 하는데, 난 이 선들이 상호 수직으로는 안 보여요!"라고 말하는 사람도 있을 것이다.

우리는 삼차원공간에서 살고 있기 때문에 사차원공간을 그릴 수 없고, 사차원 도형을 삼차원공간 중에 투영하여 그릴 수밖에 없다. 이는 우리가 종이에 큐브를 그릴 때 큐브의 모든 변이 상호 교차하지 않는 것처럼 보이는 것과 같다. 그러나 우리가 한 점에서 3개의 변이 상호 수직이라고 인식하는 이유는, 우리가 삼차원공간에서 생활하기 때문에 이 큐브를 상상할 수 있다.

하지만 우리는 사차원공간을 본 적 없어 사차원 큐브 중 한 점을 지나는 4개의 변이 어떻게 상호 수직이 되는지 상상하기 어렵다. 게다가 선택한 투영면이 다르면 사차원 큐브가 삼차원공간 중에 투영된 도형의 모양도 다르다.

아래 그림은 서로 다른 모양의 사차원 큐브를 삼차원공간에 투영시킨 모습이다.

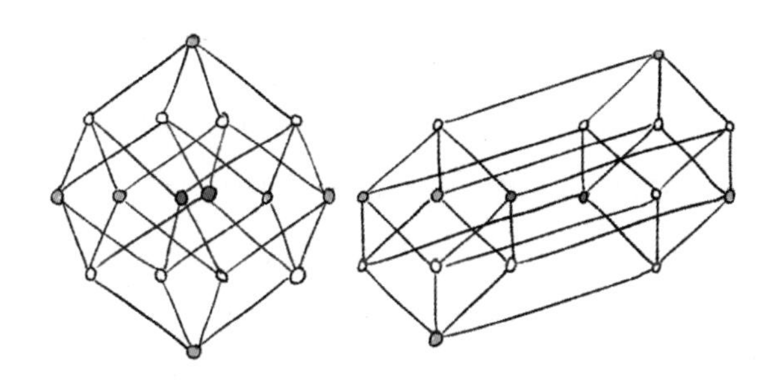

같은 이치로, 오차원공간이란 그중 임의의 어떤 점을 지나는 5개의 선이 상호 수직인 직선 공간이다. 이렇게 도형은 더욱 복잡해진다.

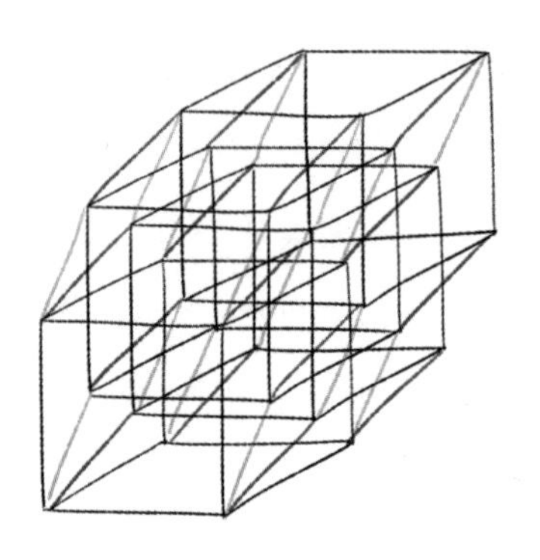

고차원 공간의 점

공간 속의 한 점은 어떻게 정할까? 이를 알려면 해석 기하학에 관한 지식이 필요하다. 해석 기하학이란 프랑스의 수학자이자 철학자인 르네 데카르트René Descartes가 창시한 것으로, 대수학방법을 이용해 기하학 문제를 연구한 수학 분파이다.

해석 기하학을 이용하면 공간 중에 좌표계를 만들 수 있다. 좌표계는 상호 수직의 수의 축으로 구성되고, 공간 속의 점을 하나의 좌표로 표시할 수 있다. 이때 *N*차원 공간 중의 좌표점은 *N*개의 숫자를 포함한다. 예를 들어 일차원공간 좌표계는 1개의 수의 축으로, 모든 점의 좌표는 전부 하나의 숫자이다.

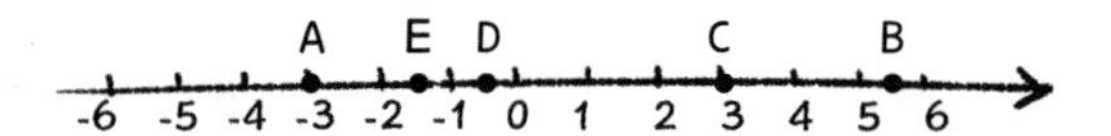

이차원공간의 좌표계는 '평면 직각 좌표계'라고 불리며 상호 수직하는 두 개의 숫자축이다. 모든 점의 좌표는 한 쌍의 숫자(x, y)로 표시하며, 각각 가로 좌표와 세로 좌표라고 불린다.

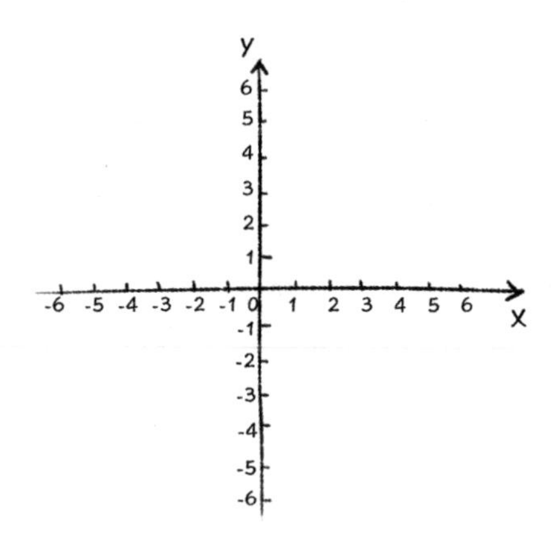

삼차원공간 좌표는 상호 수직하는 세 개의 수의 축으로 공간 중에 모든 점의 좌표는 3개의 숫자(x, y, z)로 표시하고, 이 점을 표시하는 3개의 숫자축에는 대응하는 좌표가 있다.

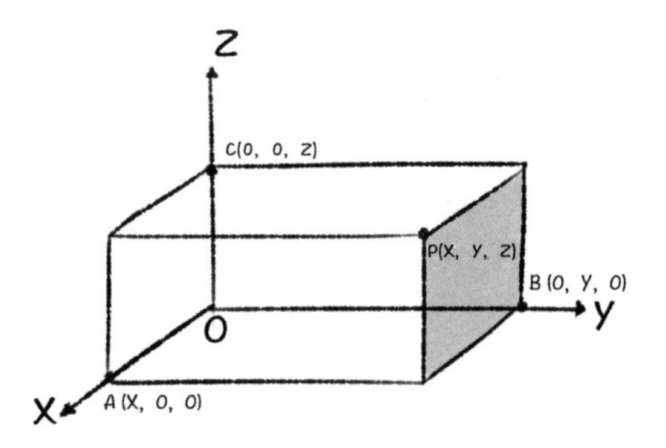

이처럼 N차원 공간 중의 점은 N개의 좌표로 표시된다. 만일 사차원 공간 중의 한 점이라면 4개의 좌표(x, y, z, t)가 있어야만 표시할 수 있다.

고차원 공간의 거리

우리는 '공간 거리'라는 양을 정의할 수 있다. 저차원 공간에서 두 개의 점의 공간 거리는 두 점 사이의 일직선의 길이를 말한다.

일차원공간 중 두 점 $P_1(x_1)$과 $P_2(x_2)$ 사이의 거리는

$s=|x_1-x_2|=\sqrt{(x_1-x_2)^2}$ 이다.

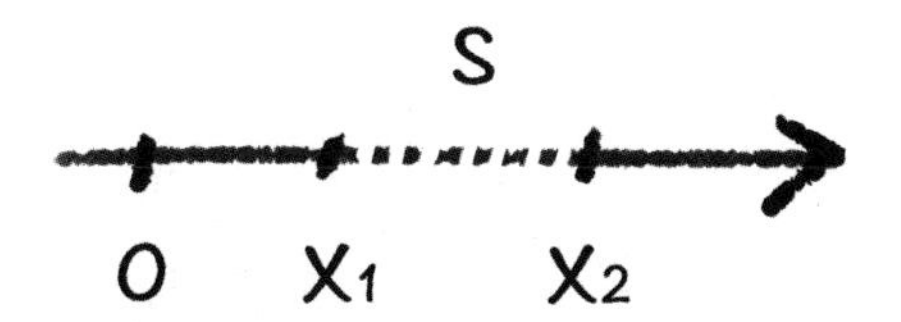

이차원공간 중 두 점 $P_1(x_1, y_1)$과 $P_2(x_2, y_2)$ 사이의 거리는 피타고라스 정리를 이용해 계산하면

$s=\sqrt{(x_1-x_2)^2+(y_1-y_2)^2}$이가 된다.

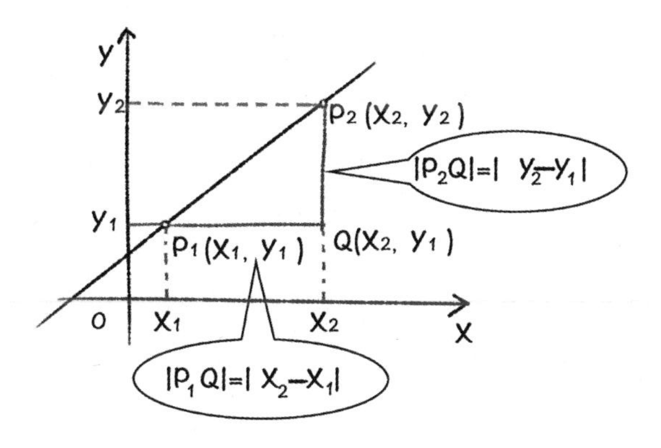

삼차원공간 중의 두 점 $M_1(x_1, y_1, z_1)$과 $M_2(x_2, y_2, z_2)$ 사이의 거리도 피타고라스 정리를 이용할 수 있다.

$$s=\sqrt{(x_1-x_2)^2+(y_1-y_2)^2+(z_1-z_2)^2}$$

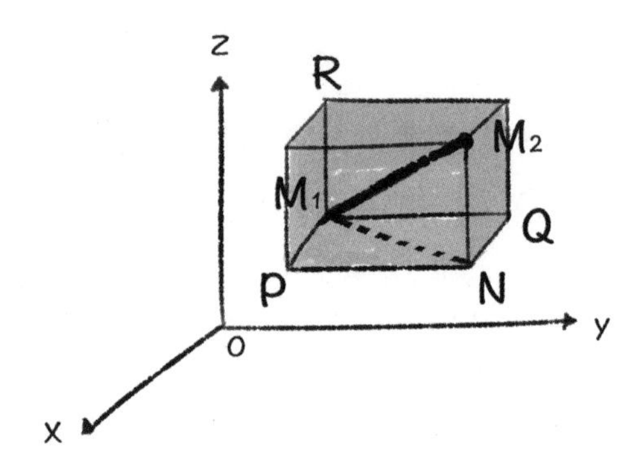

이를 토대로 유추하면 사차원공간에서 4개의 변수(x, y, z, t)가 있어야 한 점의 좌표를 표시할 수 있다. 두 점 (x_1, y_1, z_1, t_1), (x_2, y_2, z_2, t_2) 사이의 거리를 계산하는 공식은 다음과 같다.

$$s=\sqrt{(x_1-x_2)^2+(y_1-y_2)^2+(z_1-z_2)^2+(t_1-t_2)^2}$$

이 방식에 따라 우리는 N차원 공간의 두 점의 거리를 계산할 수 있다. 이 거리를 'N차원 공간의 공간 간격'이라고 부른다.

공간 간격 s는 매우 중요한 양이다. 만약 서로 다른 좌표계를 선택하면 모든 점의 좌표는 달라진다. 하지만 공간 거리는 불변을 유지한다. 예를 들어 평면 직각 좌표계에서 실선 좌표계와 점선 좌표계를 채택하면 A와 B 두 점의 좌표는 모두 다르다. 하지만 이 두 개의 참조물에서 계산한 공간 간격은 모두 같다. 이는 선분 AB의 길이가 좌표계의 변화에 따라 변화하지 않기 때문이다.

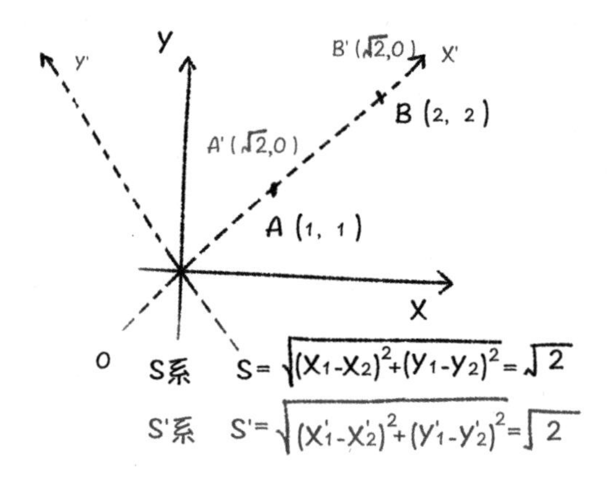

차원 이동 충격이란?

고차원 공간과 저차원 공간은 연계되어 있을까?

*N*차원 공간에서 출발해서 *N*-일차원공간으로 이동하는 것을 '투영'이라고 한다. 투영이라는 이 개념이 이해하기 어렵다면 '한 칼에 자르는 것'이라고 이해하면 된다. 예를 들어 보자.

직선을 한 칼로 자르면 단면은 하나의 점이다.

평면을 한 칼로 자르면 단면은 하나의 선이다.

큐브를 한 칼로 자르면 단면은 하나의 평면이다.

마찬가지로 사차원공간을 임의로 한 칼로 자르면 삼차원공간이 나타날 것이다.

수학에서 고차원 공간과 저차원 공간은 별 차이가 없다. 단지 우리가 생활하는 세계는 삼차원공간 개념을 사용하면 쉽게 이해할 수 있지만, 사차원 이상의 공간으로는 이해하기 어렵다. 이렇게 수학은 세계를 이해하는 데 도움을 주는 도구로 사용된다.

12

수학자는 도박장에서 돈을 딸 수 있을까?
_확률론

+×÷

도박장에 간 수학자가 자기의 역량을 발휘해 돈을 딸 수 있을까?

도박장에서 벌어질 수 있는 수학 문제를 가장 먼저 연구한 사람은 17세기 네덜란드의 수학자이자 물리학자 그리고 천문학자인 크리스티안 하위헌스Christiaan Huygens이다. 1757년에 출판한 저서 《주사위 도박 이론》은 확률론을 이용해 도박 결과를 분석한 것으로, 이것이 확률론의 시작이라고 생각한다.

바카라

어떤 게임은 기술이 필요하지만, 승부勝負는 대부분 확률과 운에

맡겨야 한다. 예를 들면 도박장에서 쉽게 볼 수 있는 바카라가 그렇다.

바카라는 카드를 나눠주고 크기를 비교하는 게임으로, 일종의 카드 게임이다. 이 게임을 하는 방법은, 딜러가 8세트의 카드를 전부 섞은 다음 뱅커와 플레이어에게 2~3장의 카드를 나눠준다. 카드를 받으면 베팅한 후 자기가 받은 카드를 공개한다. 뱅커와 플레이어는 공개한 카드 점수를 더해 끝자리 수가 큰 사람이 이긴다.

게임 승패는 세 가지로 나뉜다. ① 뱅커가 이긴다. ② 플레이어가 이긴다. ③ 무승부이다.

뱅커나 플레이어가 이기는 쪽에 돈을 걸면 1배를 돌려받으며, 무승부에 돈을 걸면 9배를 돌려받는다. 그럼 바카라를 할 때 어디에 돈을 거는 것이 더 유리할까?

이 문제는 너무 복잡하니 주사위 게임으로 쉽게 설명해 보자.

게임 규칙은 다음과 같다.

---

1. 불투명한 두 개의 통에 1~6점이 적힌 주사위를 하나씩 넣는다.
2. 통을 흔들어 주사위를 섞은 후, 어느 쪽 통에 든 주사위의 점수가 더 큰 점수인지 혹은 무승부인지를 정한 후 돈을 건다.
3. 통을 열어 비교한다. 어느 한쪽이 이기는 쪽에 돈을 걸었으

면 2배를 돌려받고, 무승부이면 5배를 돌려받는다.

이런 규칙은 공평한가?

고전 책략

이 문제를 해결하려면 고전 책략을 써야 한다. 고전 책략이란 한 과정에 모두 N종의 결과가 가능하고 모든 종류의 결과가 발생할 가능성이 같은 것이다. 그중에 사건 A가 발생할 가능성은 M종이다. 이때 사건 A의 확률은 M과 N의 비율과 같다. 즉, $P(A)=\frac{M}{N}$이다.

예를 들어 한 반에 학생이 50명 있을 때 남학생이 20명, 여학생이 30명 있다고 가정하자. 만일 랜덤으로 한 명을 뽑는다면 50가지 결과가 나올 수 있다. 남학생을 뽑을 사건은 20가지의 결과가 나올 수 있기 때문에 남학생을 뽑을 확률은 $P(\text{남학생})=\frac{20}{50}=\frac{2}{5}$이다.

이 게임 중에 두 주사위를 ㉠과 ㉡이라고 할 때, 두 주사위의 결과는 모두 6종의 결과가 가능하다. 따라서 두 개의 주사위 ㉠와 ㉡의 조합은 $N=36$종이라는 결과가 나올 수 있다. 각 결과가 나타날 확률은 모두 $\frac{1}{36}$이다.

	㉠의 점수						
㉡의 점수		1	2	3	4	5	6
	1	무승부	㉠ 승리	㉠ 승리	㉠ 승리	㉠ 승리	㉠ 승리
	2	㉡ 승리	무승부	㉠ 승리	㉠ 승리	㉠ 승리	㉠ 승리
	3	㉡ 승리	㉡ 승리	무승부	㉠ 승리	㉠ 승리	㉠ 승리
	4	㉡ 승리	㉡ 승리	㉡ 승리	무승부	㉠ 승리	㉠ 승리
	5	㉡ 승리	㉡ 승리	㉡ 승리	㉡ 승리	무승부	㉠ 승리
	6	㉡ 승리	㉡ 승리	㉡ 승리	㉡ 승리	㉡ 승리	무승부

만일 ㉠과 ㉡ 주사위의 점수가 같으면 1~1, 2~2, …, 6~6 총 M=6종류가 가능하다. 그러므로 무승부가 나타날 확률은 P(무승부)$=\frac{M}{N}=\frac{6}{36}=\frac{1}{6}$이다. 다시 말해 무승부에 걸었다면 이길 확률은 $\frac{1}{6}$이고, 질 확률은 $\frac{5}{6}$이다.

수학 기대

만일 1달러를 걸었을 때 이기면 6달러를 가져가고, 지면 돈을 따지 못한다면 평균적으로 얼마를 가져갈 수 있을까?

이기고 지는 두 가지 상황에서 평균 수익을 계산할 때 상응하는 확률을 곱한 다음 서로 더하면 구할 수 있다. 이를 수학에서는 '기대'라고 부른다. 여기서 기대의 의미는 매번 게임이 끝나면 평균적으로 받을 수 있는 돈의 액수이다.

$$E=6\times\frac{1}{6}+0\times\frac{5}{6}=1$$

이는 평균적으로 말해 매 게임 1달러를 걸면 평균 1달러를 가져갈 수 있다는 것이다. 즉 줄곧 무승부에 걸고 속임수를 쓰지 않는다면 확률상 돈을 따지도 잃지도 않는다.

이번에는 어느 한쪽이 이기는 편에 돈을 걸었다고 하자. 앞 장의 표에서 알 수 있듯이 두 통은 모두 15가지의 가능성을 가지고 있다. 따라서 고전 책략에 따라 어느 한쪽의 숫자가 더 높을 확률은 $P=\frac{15}{36}=\frac{5}{12}$이다.

다시 말해 둘 중 어느 한쪽이 '크다'에 걸면, 이길 확률은 모두 $\frac{5}{12}$이고, 질 확률은 $\frac{7}{12}$이다. 역시 1달러를 건다고 가정하면 양쪽 중 어느 한쪽이 '크다'에 걸면 2달러를 가져가고, 지면 돈을 받지 못한다. 마지막에 획득한 수학 기대는 $E=2\times\frac{5}{12}+0\times\frac{7}{12}=\frac{5}{6}$가 된다.

한쪽이 '크다'에 1달러를 걸면 통계적으로 $\frac{5}{6}$달러를 가져가므로 평균 $\frac{1}{6}$달러를 손해 보게 된다.

어쩌면 이 분석을 근거로 무승부에만 돈을 걸면 손해 보지는 않을 거라 생각하는 사람도 있을 것이다. 하지만 위에서 설명한 분석은 상대방이 속임수를 쓰지 않았을 때의 순수한 확률을 기초로 세워진 것이니 상대방이 속임수를 쓰면 어떤 책략을 쓰든 지게 될 것이다.

모든 상황의 확률을 알았으니 관찰을 통해 자기의 승률을 높일 수 있을 거라는 사람도 있을 것이다. 예를 들어 무승부의 확률은 $\frac{1}{6}$이고 한쪽이 이길 확률은 $\frac{5}{12}$이니, 연속으로 2번 무승부가 나오고 연속으로 5번 한쪽이 이기면 다음 5번은 반드시 상대편이 이길 것이라고 말이다.

하지만 이런 생각은 틀렸다. 확률의 의의는 패를 열기 전에 각종 상황의 가능성의 크기를 계산하는 것으로, 일단 패를 뒤집으면 가능성은 확정성으로 변한다. 연속으로 2차례 패를 여는 것과는 결코 실질적인 관계가 없다. 연속으로 100번 무승부가 나온다 해도 다음에 무승부가 나올 확률은 여전히 $\frac{1}{6}$이지 줄어들지는 않는다.

간단히 말해서 수학은 당신이 어떻게 돈을 잃었는지 알려줄 수는 있지만, 돈을 벌게 해줄 수는 없다.

영화 〈레인 맨Rain Man〉을 본 적 있는가? 영화에서 주인공의 형은 자폐증을 앓고 있지만 비상한 기억력 덕에 8세트 카드의 순서를 기억해 큰돈을 딴다. 하지만 현실 생활 속에서 이런 일은 불가능한 일이다. 딜러는 카드를 섞을 때 당신에게 기억할 시간을 주지 않으며, 카드를 돌린 후 다시 새로 카드를 섞기 때문이다. 그러므로 수학 실력이나 기억력을 믿고 도박장에서 돈을 벌겠다는 것은 기상천외한 발상이다.

13

일기예보는 왜 자주 틀릴까?

_ 조건부 확률

+×÷

과학 기술의 발전과 일기예보는 관계가 없을까? 왜 일기예보는 자주 틀릴까?

여기에는 '조건부 확률'이라는 수학 문제가 연관되어 있다.

조건부 확률이란 다음과 같다. 과거 데이터에 의해 비가 올 확률이 40%, 비가 오지 않을 확률이 60%인 것을 '확률'이라고 한다. 만일 전날 일기예보에서 6월 15일에 비가 온다고 할 때 이것을 '조건'이라고 하고, 이런 조건일 때 6월 15일에 정말로 비가 올 확률을 '조건부 확률'이라고 한다.

비가 오거나 안 오거나

일기예보는 일정한 기상 변수에 근거해 확률을 추측한다. 이때 날씨는 정확하게 알 수 없어서 비가 온다고 예보를 해도 비가 오지 않을 가능성이 있다. 만일 일기예보의 정확도가 90%라면 비가 온다는 예보 후 비가 올 확률은 90%이고, 비가 오지 않을 확률은 10%이다. 마찬가지로 비가 오지 않는다는 예보를 했을 때 비가 올 확률은 10%이고, 오지 않을 확률은 90%이다. 이처럼 6월 15일의 예보와 날씨는 4가지 가능성이 있다. 비가 온다는 예보대로 정말 비가 오는 경우, 오지 않는다고 예보했지만 비가 오는 경우, 비가 온다고 예보했지만 오지 않을 경우, 비가 오지 않는다는 예보대로 정말 비가 오지 않는 경우이다. 이 4가지 상황을 아래 표에 정리하고 확률을 계산하면 아래와 같다.

	비가 온다	비가 오지 않는다
비가 온다는 일기 예보	40%×90%=36%	60%×10%=6%
비가 오지 않는다는 일기예보	40%×10%=4%	60%×90%=54%

계산 방식은 두 개의 확률을 곱하는 것이다. 예를 들어 비가 올 확률이 40%이고 비가 오는 날 예보에서 비가 온다고 할 확률이 90%라면, 비가 온다고 예보하고 비가 정말 오는 상황이 되는 확률은 36%이다. 마찬가지로 일기예보에서 비가 온다고 했지만, 비

가 오지 않은 확률은 6%이다. 이 둘을 합하면 42%가 되고, 이것이 일기예보에서 비가 온다고 예보한 확률이다.

이 42%의 가능성 중 진짜로 비가 올 확률은 36%이며, 그 비율은 $\frac{36\%}{42\%} \approx 85.7\%$를 차지한다. 비가 오지 않을 확률은 6%로, $\frac{6\%}{42\%} \approx 14.3\%$를 차지한다. 일기예보의 정확도를 90%라고 할 때 예보에서 비가 온다는 조건에서 진짜로 비가 내릴 확률은 85.7%가 된다.

일기예보에서 비가 온다고 했을 때 비가 오는지 안 오는지는 일기예보의 정확도와 관련 있을 뿐 아니라 그 지역의 평상시 비가 오는 확률과 관련이 있다.

아프거나 아프지 않거나

병원에서 중요한 검사를 할 때, 의사가 큰 병원에 가서 다시 검사를 받아보라고 제안할 때가 있다. 다른 병원에서 하는 검사가 지금 받는 검사와 똑같은 것이라고 해도 말이다. 왜 의사는 다른 병원에서도 검사를 받아보라고 할까?

총인구 대비 질병에 걸린 사람의 비율이 1/7000인 심각한 질병이 있다고 가정하자. 다시 말하면 임의로 한 사람을 선택했을 때 1/7000의 확률로 이 병을 앓고, 6999/7000의 확률로 병에 걸리지 않았다는 것이다.

의료 검사 중 오진율이 1/10000이라면, 이 병에 걸린 환자 중 1/10000은 건강한 사람이어도 오진을 받았거나 건강한 사람 중 1/10000의 확률로 환자로 오진을 받을 수 있다.

한 번의 검사로 질병에 걸렸다는 결과를 얻는다는 전제하에 이 사람이 정말로 병에 걸렸을 확률은 얼마일까?

	환자	건강한 사람
질병 확인	$\frac{1}{7000}\times\frac{9999}{10000}=\frac{9999}{70000000}$	$\frac{6999}{7000}\times\frac{1}{10000}=\frac{6999}{70000000}$
건강 확인	$\frac{1}{7000}\times\frac{1}{10000}=\frac{1}{70000000}$	$\frac{6999}{7000}\times\frac{9999}{10000}=\frac{69983001}{70000000}$

병에 걸렸을 총 확률은 $\frac{9999}{70000000}+\frac{6999}{70000000}=\frac{16998}{70000000}$이다.

병을 앓으면서 검사 결과가 확진일 확률은 $\frac{9999}{70000000}$이다. 질병 검사에서 질병이 확인된 조건에서 정말로 병에 걸렸을 확률은 $\frac{9999/70000000}{16998/70000000}=\frac{9999}{16998}\approx 58.8\%$이다.

오진율이 1/10000밖에 되지 않아도 한 번의 검사로는 검사받는 사람이 병에 걸렸다고 확정할 수 없다.

그럼 두 번의 검사 결과 모두 병에 걸린 상황은 어떤가?

주의할 점은 첫 번째 검사에서 이상을 발견했다는 전제에 이 사람이 병에 걸렸을 확률은 일반 사람들과 같은 1/7000이 아닌 58.8%라는 점이다. 이 사람이 건강할 확률은 겨우 41.2%이다. 이때의 확률이 바로 조건부 확률이다. 두 번째 검사 표는 아래처럼 표시한다.

	환자	건강한 사람
질병 확인	$58.8\% \times \frac{9999}{10000} \approx 58.794\%$	$41.2\% \times \frac{1}{10000} \approx 0.004\%$
건강 확인	$58.8\% \times \frac{1}{10000} \approx 0.006\%$	$41.2\% \times \frac{9999}{10000} \approx 41.196\%$

두 번의 검사에서 모두 병에 걸렸다는 조건에 이 사람이 진짜로 병에 걸렸을 확률은 $\frac{58.794\%}{58.794\%+0.004\%} \approx 99.99\%$로 확진이다.

베이즈 정리

영국의 수학자 토머스 베이즈Thomas Bayes가 이 문제를 자세하게 토론했다.

베이즈는 만일 A와 B가 두 가지 상황에 발생할 수 있다면 A는 발생하거나 발생하지 않을 두 가지 가능성이 있고, B는 B_1, B_2,⋯ B_n의 총 n가지 가능성이 있다고 말했다. A가 발생했다는 전제하에 B_i이 발생할 확률을 조건부 확률 $P(B_i \mid \mathrm{A})$이라 한다.

이 확률을 계산하려면 우선 B_i이 발생하는 조건으로 A가 발생하는 확률을 계산해야 한다. 공식은 $P(B_i)P(A \mid B_i)$이다.

그런 다음 사건 A가 발생하는 총 확률을 계산해야 한다. B_i가 발생하는 확률과 상응하는 상황에 A가 발생하는 확률을 곱한 후 그 곱한 값을 서로 더한다.

$$P(B_1)P(A \mid B_1)+P(B_2)P(A \mid B_2)+\cdots+P(B_n)P(A \mid B_n)$$

마지막으로 상술한 두 개의 확률을 나눈다. 베이즈 정리는 사회학, 경제학, 의학 등 다양한 분야에서 쓰고 있으며, 완전한 베이즈 정리는 다음과 같다.

$$P(B_i \mid \mathrm{A}) = \frac{P(B_i)P(A \mid B_i)}{P(B_1)P(A \mid B_1)+P(B_2)P(A \mid B_2)+\cdots+P(B_n)P(A \mid B_n)}$$

14 개인 주식 투자자가 항상 손해 보는 이유는?

_ 게임 이론 기초

+×÷

증시가 쉴 틈 없이 상승과 하락을 반복해도 대다수의 개인 투자자는 손해 보기 마련이다. 그래서 개인 투자자가 손해 보는 이유에 대해 어떤 이는 머리가 나빠서 그렇다고 하고, 어떤 이는 운이 나빠 어쩔 수 없다고 말하기도 한다. 하루에도 몇 번씩 증시가 오르락내리락하는 주식 시장에는 심오한 수학 논리가 없을까?

주식 시장은 제로섬 게임과 비슷하다. 그래서 주식에 투자하는 사람들은 다른 사람은 손해를 보더라도 자기만은 돈 벌기를 바란다.

컴퓨터의 아버지라 불리는 미국의 수학자 존 폰 노이만John von Neumann이 처음 제시한 게임 이론은 후에 존 내시John Nash 등으로 인해 더 유명해졌다. 게임 이론은 확률론과 다르다. 게임 이론은 참여자가 주동적으로 자신의 전략을 조정할 수 있으며, 그로 인해 최대 수익을 획득한다. 현재 게임 이론은 현대 수학의 한 분야로 인정받아 금융, 정치, 컴퓨터 등의 영역에서 광범위하게 쓰이고 있다.

동전 게임

게임 이론을 쉽게 이해하기 위해 예를 들어보자. 이 게임은 동전을 이용한 게임으로, 고전 게임 중 하나이다.

*A*가 술을 마시고 있는데, *B*가 다가와 말했다.

"나랑 게임할래요? 규칙은 내가 정할게요."

1. 서로 하나씩 가지고 있는 동전을 상대방이 보지 못하게 테이블에 엎어 놓는다.
2. *A*와 *B*가 동시에 자기가 엎어 둔 동전이 앞면인지 뒷면인지 확인한다.
3. 만일 동전이 모두 앞면이라면 *B*가 *A*에게 3달러를 주고, 모두 뒷면이라면 *B*가 *A*에게 1달러를 준다. 앞면과 뒷면이 골고루 나왔다면 *A*가 *B*에게 2달러를 준다.

확률론의 관점에서 보면 이 게임은 공평한 게임이라는 것을 알 수 있다. 두 사람이 모두 임의로 엎어 놓은 동전 두 개가 앞면일 확률은 1/4이고, 모두 뒷면일 확률도 1/4이며, 앞면과 뒷면이 하나씩 나올 확률은 1/2이다. 이때 A의 수익은 다음과 같다.

A의 수익	A의 동전 앞면	A의 동전 뒷면
B의 동전 앞면	3	−2
B의 동전 뒷면	−2	1

확률에 따라 계산하면, 게임을 한 번 할 때 A의 수익 기대치는 $E=\frac{1}{4}\times3+\frac{1}{4}\times1+\frac{1}{2}\times(-2)=0$이다.

다시 말해 게임을 한 번 할 때 A의 평균 수익은 0으로 돈을 벌지 못하지만, 손해를 보지도 않는다.

승리를 위한 전술

이 게임에서 A와 B는 동전을 던지는 것이 아닌, 자기가 어느 면으로 놓을지를 선택한다.

게임을 하다 보면 두 사람이 계속 어느 한 면만 내놓지는 않을 것이다. 그랬다가는 상대방에게 규칙성을 금방 간파당할 것이기 때문이다. 하지만 그들은 게임을 여러 번 하면서 앞면을 내놓는 빈도를 어느 정도 설정한 후 통계적인 의미에서 이익을 얻으려 할 것이다. 즉 게임을 확률 문제로 만든다.

A가 앞면을 내놓을 빈도를 x, 뒷면을 내놓을 빈도를 1-x라고 하고, B가 앞면을 내놓는 빈도를 y, 뒷면을 내놓을 빈도를 1-y이라고 하자. 이때 여러 상황이 출현할 빈도는 다음과 같다.

A의 수익	A의 동전 앞면	A의 동전 뒷면
B의 동전 앞면	xy	$(1-x)y$
B의 동전 뒷면	$x(1-y)$	$(1-x)(1-y)$

A의 수익표와 빈도표를 결합하면 A의 수익 기대치는 각 상황이 출현하는 확률과 수익의 곱셈 합과 같다. 게임을 한 번 한 후 A의 수학적 기대치는 $E=3xy-2(1-x)y-2x(1-y)+(1-x)(1-y)=8xy-3x-3y+1$이다.

이 결과에 대해 쌍방이 거는 기대는 다르다. B는 A가 계속 지기를 바라기 때문에 A의 수익 기대치는 마이너스이다. 반면, A는 자기가 계속 이기기를 바라기 때문에 자기가 생각하는 수익 기대치는 플러스이다. 그래서 두 사람이 채택할 수 있는 전술은 동전의 앞뒷면을 내놓는 빈도를 0과 1의 사이로 조정하는 것이다.

게임은 B가 설계했으니 B의 시각에서 고려해 보자. B는 자신이 앞면을 내놓는 빈도 y가 A가 앞면을 내놓는 빈도 x보다 얼마가 됐든 상관없이 부등식 $8xy-3x-3y+1<0$이 항상 성립하기를 바란다.

그럼, B는 목적을 달성할 수 있을까?

이항해서 $(8x-3)y<3x-1$이 되면 이 부등식은 3가지 상황으로 나눌 수 있다.

1. 만약 $8x-3=0$이면 $x=\frac{3}{8}$, 즉 부등식은 $0<\frac{1}{8}$로 변해 영원히 성립한다.

2. 만약 $8x-3>0$이면 $x>\frac{3}{8}$, 즉 부등식은 $y<\frac{3x-1}{8x-3}$이 된다. 이 부등식이 계속 성립된다고 보장하려면 y가 $\frac{3x-1}{8x-3}$의 최솟값보다 작아야 한다.

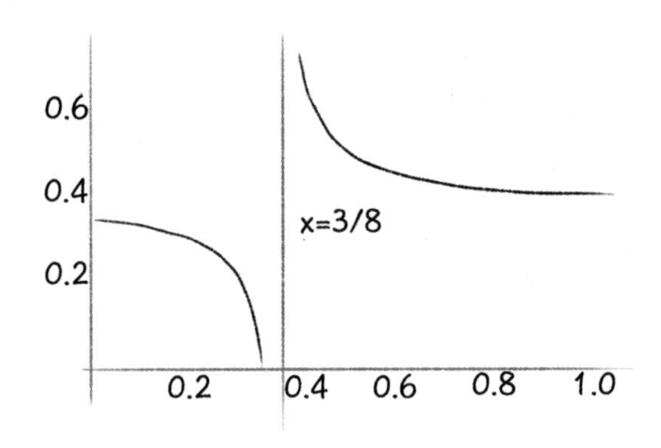

$\frac{3x-1}{8x-3}$의 그래프를 그리면 $x>\frac{3}{8}$과 $x<\frac{3}{8}$, 두 범위 내에서 모두 단조감소함수임을 알 수 있다.

$x>\frac{3}{8}$일 때 단조감소함수이므로 $x=1$일 때 $\frac{3x-1}{8x-3}$은 최솟값을 얻고, 이는 $\frac{3-1}{8-3}=\frac{2}{5}$가 된다. 따라서 $x>\frac{3}{8}$일 때 부등식이 성립하려면 $y<\frac{2}{5}$가 된다.

3. 만약 $8x-3<0$이면 부등식은 $y>\frac{3x-1}{8x-3}$이 된다. 이 부등식이 성립되는 것을 보장하려면 y가 $\frac{3x-1}{8x-3}$의 최댓값보다 커야 한다. 그래프를 보면 $x<\frac{3}{8}$일 때 x가 작을수록 함숫값은 커지며, $x=0$일 때 함수는 최댓값을 얻어 $\frac{3x-1}{8x-3}=\frac{1}{3}$이 된다. 다시 말해 $x<\frac{3}{8}$일 때 $y>\frac{1}{3}$이 되어 부등호가 영원히 성립된다.

종합하면, y가 $\frac{1}{3}\sim\frac{2}{5}$ 사이일 때 x가 얼마나 크든 부등식은 항상 성립된다. 다시 말해서 동전의 앞면을 내놓을 빈도가 $\frac{1}{3}\sim\frac{2}{5}$ 사이라면 A가 어떤 전술을 쓰든 그의 수익 기대치는 모두 마이너스가 되기 때문에 통계상 돈을 손해 보게 된다.

금융기관이 개인 투자자에게서 수익을 올리는 방법은?

금융기관은 주가를 올려 개인이 투자하면 그것으로 영업 수익을 올린다. 금융기관이 주가를 내려 개인이 공매도해도 그들은 이익을 본다.

사실 금융기관은 개인 투자자보다 시세를 장악하고 계산하는 능력이 뛰어나다. 그래서 아무리 개인 투자자가 좋은 전술을 쓰더라도 금융기관은 그들보다 더 좋은 전술을 채택할 것이다. 어떤 방식으로든 개인 투자자가 잠시나마 이익을 보게 되더라도, 통계적으로는 결국 손해 보는 것은 개인 투자자이다. 물론, 일부 개인 투자자는 남들보다 운이 좋아 단기간에 큰돈을 벌 수 있다. 하지만 여전히 장기간 주식에 투자하는 개인 투자자는 대부분 손해 보게 될 것이다.

15 새치기 운전자는 왜 생길까?
_ 내시 균형

우리나라는 출퇴근 시간에 도로 상황이 좋지 않다. 교통 체증이 심해지는 원인은 차가 너무 많기 때문이지만 일부 운전자들이 새치기하느라 길이 막히는 일도 종종 생긴다. 사람들은 운전할 때 왜 새치기를 할까?

여기에도 사실 '내시 균형Nash equilibrium, 미국의 경제학자 존 내시의 이론으로, 게임을 하는 플레이어가 타인의 전략을 기초로 해서 자기 이익이 최대가 되도록 행동하고, 이것이 모든 플레이어에게 공통되는 상태'이라는 수학 문제가 숨어 있다. 내시 균형은 경쟁할 때 상대방이 모두 자기 전술을 바꾸지 않는 것을 가리킨다. 한쪽이 자기 전술을 바꾸면 수익의 감소를 유발하기 때문이다. 그래서 내시 균형은 개체로는 최선의 해결책이 될 수 있지만, 전체로 볼 땐 최선의 해결책이 아닐 수도 있다.

이 문제를 설명하기 위해 두 가지 전형적인 예를 들어 보겠다. 예로 드는 게임 이름은 '죄수의 딜레마와 돼지 게임'이다.

죄수의 딜레마

소매치기 일당 두 명이 경찰에게 잡혔다. 경찰은 이들을 따로 불러 심문하며 그들이 받을 형량에 대해 알려주었다. 이때 두 명 모두 죄를 인정하면 각자 8년 형을 받게 된다. 만일 둘 중 한 사람만 자백하고 한 명은 자백하지 않으면, 자백한 사람만 풀려난다. 자백하지 않은 사람은 10년 형을 받게 된다. 그러나 두 사람 모두 자백하지 않으면 죄를 판정할 수 없어 두 사람 모두 1년 형에 처한다.

두 사람의 상황을 표로 정리해 보자. 판결은 마이너스로한다.

	B 자백	B 거부
A 자백	−8, −8	0, −10
A 거부	−10, 0	−1, −1

우선 *A*가 내릴 결정에 대해 생각해 보자. 이때 *A*는 '*B*가 자백하면 난 어쩌지? 나도 자백하면 8년 형을 받고, 나만 자백하지 않으

면 10년 형을 받게 되겠지'라고 생각할 것이다.

그러나 *A*는 자기 이익을 최대로 하기 위해서는 자백해야 한다. '*B*가 자백을 거부하는데 나만 자백하면 0년을 받고, 나도 자백을 거부한다면 1년 형을 받게 되겠지. 그러니 자백해야겠어'라며 결국 *A*는 자백을 최종 선택할 것이다.

*B*도 이렇게 생각할 것이기에 결국 두 사람 다 자백을 하고 모두 8년 형을 받게 될 것이다. 이렇게 두 사람 모두 자백하는 상황에서 누구도 혼자서 결정을 바꾸기를 원하지 않을 것이다. 일단 한쪽이 결정을 바꾸면 자신의 이익이 줄어들기 때문이다. 이렇게 두 사람이 자백하는 상황을 '내시 균형'이라 한다.

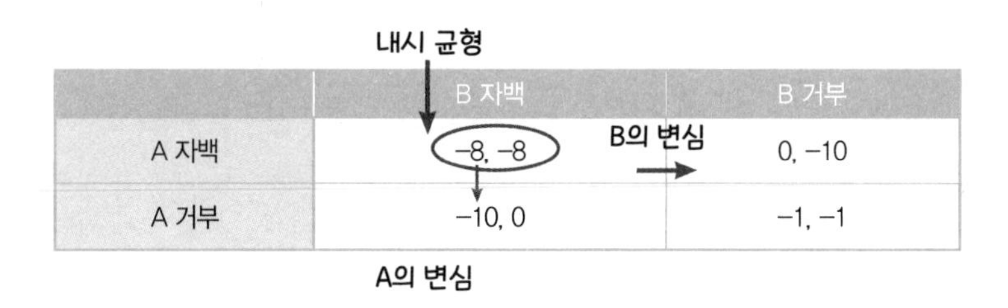

	B 자백	B 거부
A 자백	−8, −8	0, −10
A 거부	−10, 0	−1, −1

최선의 해결책은 두 사람 모두 자백하지 않는 것이다. 이렇게 하면 모두 1년만 형을 살고 풀려나기 때문이다. 하지만 내시 균형점은 여기에 있지 않다. 이는 개인이 이성적으로 판단한 결과가 반드시 전체의 최선의 해결은 아니라는 것을 설명한다.

개인의 최선이 단체의 최선이 되는 방법은 없는 것일까? 그 방법은 '공모하는 것'이다.

사회 영역에서 공모는 법률에 의지해 완성된다. 모두가 정한 공모의 결론이 바로 법이다. 누군가 이 약속에 따라 행동하지 않으면 법률의 처벌을 받게 된다. 최종 결정이 개인의 최선을 보장하는 내시 균형에서 전체의 최선으로 바뀌는 것이다.

내시 균형을 보여주는 게임

'지혜로운 돼지 게임'도 내시 균형의 전형적인 예이다.

돼지 10마리가 먹을 수 있는 사료를 담은 그릇이 있다. 하지만 사료는 돼지가 직접 스위치를 눌러야 나온다. 그러나 사료용 그릇 작동 스위치는 돼지우리 반대쪽에 있어, 큰 돼지와 작은 돼지가 양쪽을 오가면서 스위치를 누르고 먹고를 반복해야 한다. 둘이 스위치를 누르는 속도와 힘이 같다. 그래서 돼지 한 마리가 스위치를 누르면 다른 돼지 한 마리가 사료를 먹을 수 있다.

돼지가 작동 스위치를 누르는 데 2마리의 힘이 소모되고, 몸집이 큰 돼지가 몸집이 작은 돼지보다 빨리 먹는다고 가정하자.

몸집이 큰 돼지가 먼저 먹으면 두 돼지가 먹을 비율은 9:1이다.

몸집이 작은 돼지가 먼저 먹으면 두 돼지가 먹는 비율은 6:4이다.

두 돼지가 동시에 먹으면 그 비율은 7:3이다.

두 돼지는 단추를 누르거나 기다리는 것을 선택할 수 있다. 예를 들어 몸집이 큰 돼지가 단추를 누르고 몸집이 작은 돼지가 기다리면, 몸집이 작은 돼지가 먼저 먹을 수 있고 두 돼지가 먹는 비율은 6:4가 된다. 하지만 몸집이 큰 돼지는 2마리의 힘을 소모하기 때문에 결국 몸집이 큰 돼지의 수익은 4가 되고 몸집이 작은 돼지는 힘이 들지 않으니 수익은 그대로 4이다. 자, 두 돼지의 수익을 계산해 보자.

	몸집이 작은 돼지가 스위치 누르기	몸집이 작은 돼지가 기다리기
몸집이 큰 돼지가 스위치 누르기	5, 1	4, 4
몸집이 큰 돼지가 기다리기	9, −1	0, 0

여기서 우리는 내시 균형점을 고려해야 한다.

몸집이 작은 돼지는 여러모로 생각할 것이다. '몸집이 큰 돼지가 스위치를 누를 때 내가 따라가면, 수익은 1이 되고 내가 기다리면 수익은 4가 돼. 그러니 기다리는 편이 낫겠어. 만일 몸집이 큰 돼지가 가지 않고 내가 가면 내 수익은 -1이 될 거야. 만일 우리 둘 다 기다린다면 내 수익은 0이지. 그러니 역시 기다리는 편이 낫겠어.'

결국 몸집이 작은 돼지는 기다리는 쪽을 선택한다.

몸집이 작은 돼지가 기다리는 상황에서 큰 돼지가 스위치를 누르면 수익은 4이다. 만일 몸집이 큰 돼지가 누르러 가지 않으면 수익은 0이 된다. 자연스럽게 몸집이 큰 돼지는 스위치 누르는 것을 선택한다. 이 (4, 4)의 수익이 바로 내시 균형점이다.

PART II

교과서에서는 만날 수 없는 물리 이야기

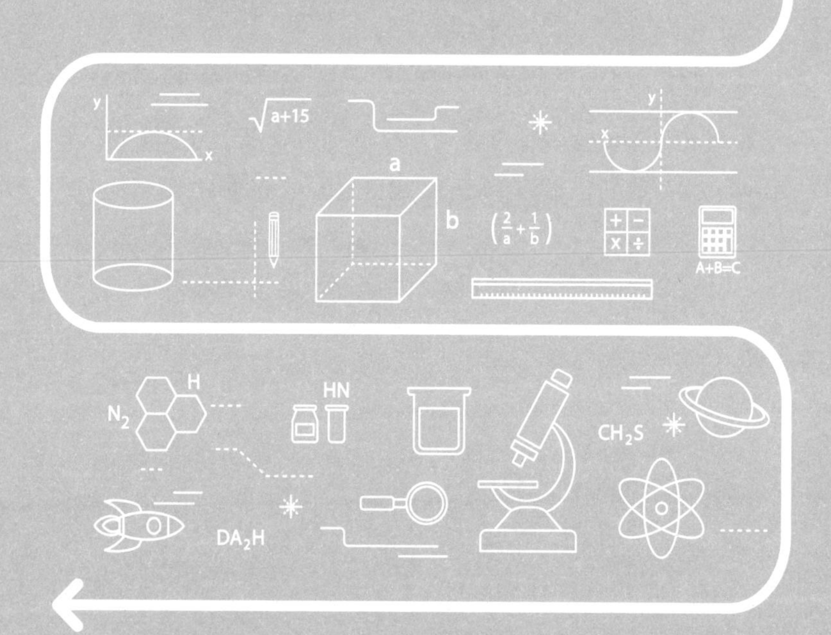

01 에너지는 어디에서 올까?
_ 에너지의 전환과 보존

우리가 집에서 쓰는 전기는 발전소에서 보낸 것이다. 발전소에서 집으로 전기를 보내려면 반드시 발전기를 돌려야 하는데, 그 발전기를 돌리기 위해서는 다른 에너지를 소비해야 한다. 우리가 자주 쓰는 전기에너지를 예로 들어, 에너지는 어디에서 오는지 함께 살펴보자.

석탄과 석유 에너지

우선 화력발전을 살펴보자.

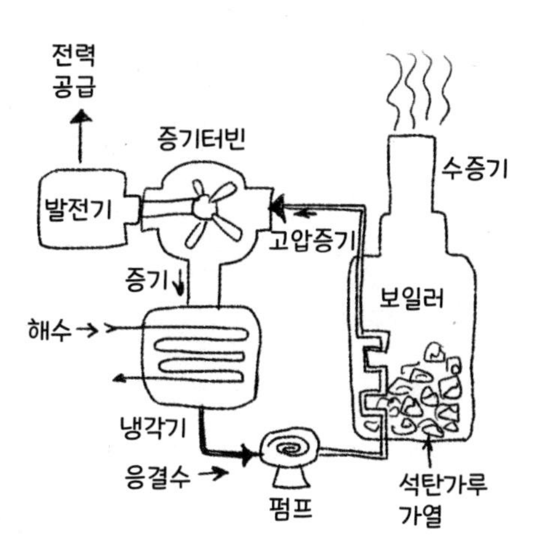

석탄가루를 연소시켜 물을 고압증기로 만들면, 고압증기가 증기터빈을 움직인다. 증기터빈이 발전기를 움직이면 여기에서 전기에너지가 생산된다. 이 과정에서 석탄의 화학에너지가 연소 소비되어 역학에너지로 전환되고, 다시 역학에너지가 전기에너지로 전환된다.

석탄의 화학에너지는 어떻게 만들어졌을까? 지하에 퇴적된 동식물의 사체에서 미생물이 분해하는 속도가 퇴적 속도보다 느리면, 사체가 쌓이게 된다. 이 사체 중의 유기물이 변화를 일으키며 긴 시간을 거쳐 석탄과 석유로 변한다. 이렇게 석탄과 석유의 화학에너지는 머나먼 고대의 생물 에너지가 전환되어 생긴 것이다.

생물 에너지는 어디에서 올까? 알다시피 육식동물은 초식동물을 먹고, 초식동물은 식물을 먹는다. 이를 먹이사슬이라고 한다.

먹이사슬 상급 소비자(육식동물)의 생물 에너지 근원은 하급 소비자(초식동물)와 생산자(식물)이다. 다시 말해 동물의 본질적인 생물 에너지의 근원은 식물이다.

식물의 에너지는 어디서 올까? 버섯처럼 부식질에 의존해서 생존하는 식물 외에 대부분의 식물에는 엽록소가 있고, 엽록소는 광합성을 한다. 이 과정에서 식물의 생물 에너지가 에너지를 생성하는 것처럼 보여 생산자라고 부르지만, 실제로 식물은 태양을 이용해야만 이 과정을 완성할 수 있다. 그러므로 태양은 에너지의 전환이 되고, 태양에너지를 유기물 에너지로 전환하는 것을 '생물 에너지'라고 부른다.

태양에너지는 어디에서 올까? 태양은 거대한 에너지를 내뿜는 커다란 불덩어리이다. 태양이 발열이나 발광 작용을 하는 것은 태양 내부에 대량의 수소가 있기 때문이다.

수소 원자는 자연계에서 가장 작은 원자로, 원자핵 안에 하나의 양자가 있고, 원자핵 밖에는 하나의 전자가 있다. 수소 원자핵 안의 중성자 개수에 따라 수소 원소는 3가지 동위원소로 나눌 수 있다. 이 동위원소는 중성자가 없는 프로튬protium, 중성자가 하나인 듀테륨deuterium, 중성자가 두 개인 트리튬tritium이다.

매우 높은 온도에서 듀테륨과 트리튬 원자핵은 융합반응을 일으키고, 헬륨 원자핵과 중성자를 생성하는 동시에 거대한 에너지를 방출한다. 그 후 이 에너지는 방사 형태로 우주에 발산된다. 그러므로 태양에너지의 근원은 태양 내부의 핵융합 반응, 즉 핵에너지라고 할 수 있다.

핵에너지는 어디에서 오는가? 인류는 아직 이 질문에 대한 답을 알지 못한다. 그러나 빅뱅 초기에 이미 핵에너지가 우주 가운데에 존재했고, 빅뱅 이전의 일에 대해서는 과학자들이 아직 실마리를 찾지 못하고 있다.

종합해 보면, 화력발전의 에너지 전환 과정은 태양의 핵에너지가 융합반응을 통해 빛에너지가 되고, 빛에너지는 광합성 작용을 통해 식물의 생물 에너지로 전환된다. 또 식물의 생물 에너지는 먹이사슬을 통해 생태계로 퍼진다.

생물 에너지는 일정한 환경을 통해 석탄의 화학에너지를 형성하고, 화학에너지는 연소를 통해 증기를 내뿜어 발전기를 돌리며, 발전기가 이런 에너지를 전기에너지로 바꾼다.

발전기 퇴적 광합성 핵융합

전기에너지 | 석탄의 화학에너지 | 생물 에너지 | 태양에너지 | 핵에너지

바람과 물의 에너지

수력발전소에서 만드는 전기에너지는 어디에서 올까? 수력발전소는 물의 중력 위치에너지를 전기에너지로 바꾸는 일을 한다. 이때 물 에너지를 이용해 전기를 만들려면, 우선 산에 댐을 건설한 후 물의 낙차를 이용해

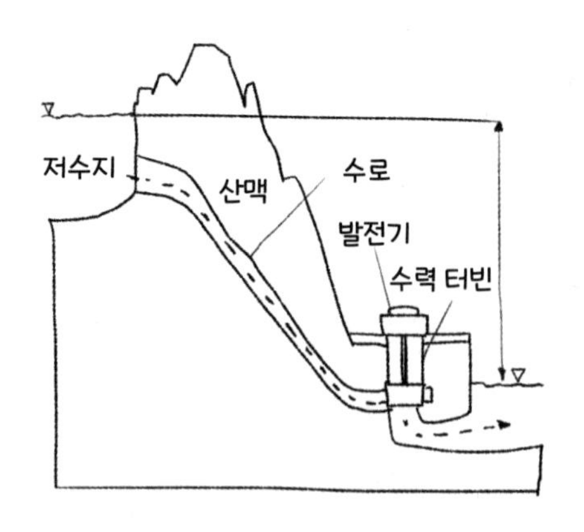

야 한다. 그런 다음, 물이 중력으로 인해 위에서 아래로 흘러 수력 터빈을 움직이고, 발전기가 돌아가게 한다. 물이 높은 곳에서 아래로 흘러 발전기를 움직이기 때문에 높은 곳의 물이 에너지를 가진다고 말하며, 이런 에너지를 '중력 위치에너지'라고 한다.

물이 높은 곳에서 낮은 곳에 도달하면 중력 위치에너지는 감소하고, 산의 상류에서 내려온 물이 한군데 모여 마지막에는 바다로 흘러 들어간다. 왜 산 위의 물은 마르지 않을까? 이는 자연계에서 일어나는 물의 순환과 연관된다.

바닷물은 태양 빛을 받아 기체로 증발하고, 기체는 바람을 타고 다시 높은 산의 상공에서 비를 형성한다. 이렇게 물이 아래에서 위로 올라가고 중력 위치에너지가 증가한다. 이때 태양광이 필요하다. 증발하려면 열을 흡수해야 하는데, 이 열량의 근원이 바로 태양광이기 때문이다. 그래서 물 에너지 역시 태양에너지가 전환된 것이다.

풍력발전도 바람 에너지를 이용했고, 바람 에너지 역시 태양에너지에서 나온다. 태양에너지 중 22억분의 1만이 지구에 도달할 수 있지만, 이 22억분의 1의 힘이 지구를 풍족하게 만든다.

다른 에너지의 근원

지구에 존재하는 대부분의 에너지는 모두 태양에서 나온다. 하지만 다른 에너지의 근원이 두 가지 있는데, 그중 하나가 원자력 발전이다. 핵융합 에너지는 수소폭탄을 제조할 때 사용할 뿐 핵융합 반응속도를 통제해 전기를 만드는 기술은 아직 개발하지 못했다.

핵분열은 중원자핵이 경원자핵으로 분열하면서 에너지를 발생하는 과정이다. 이때 핵반응 원료는 우라늄 235이다. 하나의 중성자가 우라늄 235 원자핵과 부딪치면 우라늄 235는 크립톤 원자핵 Kr과 바륨 원자핵 Ba로 분열되면서 3개의 중성자를 내뿜는다. 3개의 중성자는 다시 3개의 우라늄 235와 부딪쳐 9개의 중성자를 방출한다. 이런 과정을 '연쇄반응'이라고 한다. 이 연쇄반응은 거대한 에너지를 방출할 수 있다.

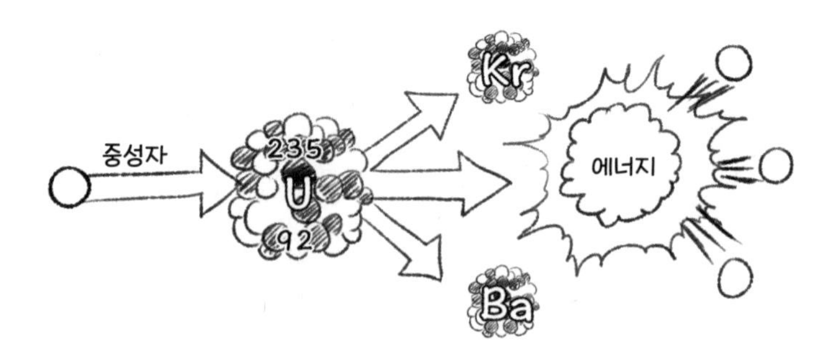

원자로를 건설해 연쇄반응으로 대량의 열을 방출한 후, 물을 고압 증기로 바꾸고 발전기를 움직여 전기를 만드는 것이 바로 원자력발전이다.

원자력발전은 화력발전에 비해 오염되는 양이 훨씬 적기 때문에 많은 나라에서 원자력발전을 사용하고 있다. 원자력발전 에너지의 근원은 태양이 아닌 지구상에 묻혀 있는 우라늄 235이다. 다른 에너지는 바로 지열이다. 지열이란 지구 내부의 열을 가리키고, 그 열에너지의 근원은 지구 내부의 핵붕괴 반응이다. 그 외 다른 에너지원은 달이다. 지구상의 물은 태양과 달의 인력 작용으로 인해 밀물과 썰물이 발생한다. 특히 달은 지구상의 조석에 더 큰 영향을 미친다.

바다에 발전기를 설치하면 조수는 발전기를 움직여 전기를 발생하는데, 이것이 조력발전소의 원리이다. 조력 에너지는 본질적으로 지구와 달이 가진 역학에너지가 전환되어 생긴 것으로, 이런 역학에너지는 지구와 달의 형성 초기에도 존재했다.

지구상에 존재하는 대부분 에너지의 근원에는 태양, 지구, 달이 세 가지가 있다. 그중 태양에너지는 주요 에너지의 근원이 된다. 핵에너지와 역학에너지는 우주 형성 초기에 이미 생겼고, 이런 에너지가 끊임없이 순환하며 이 세상을 다채롭게 만든다.

02 빛의 속도를 측정하는 방법
_ 갈릴레오, 뢰머, 마이컬슨

빛의 속도는 무척 빠르다. 빛은 1초에 30만km를 갈 정도이고, 이 속도는 1초 동안 지구 7바퀴 반을 도는 것과 같다. 사람들은 이렇게나 빠른 빛의 속도를 어떻게 측정했을까?

광속 측정한 갈릴레오

고대 그리스 시대에는 빛의 속도에 대해 전혀 알 수 없었다. 그래서 아리스토텔레스와 같은 일부 과학자들은 빛의 속도가 무한대라고 여기기도 했다. 더 재미있는 것은, 빛이 사람의 눈에서 나온다고 믿는 사람도 있었다. 눈을 뜨면 멀리 있는 별을 볼 수 있어서 사람의 눈에서 빛이 나온다고 여긴 것이다. 그러다 르네상스 시대 이후 근대 과학의 선구자 갈릴레오 갈릴레이Galileo Galilei가 1638년에 세계에서 처음으로 광속 측정 실험을 했다.

갈릴레오와 그의 조수는 등불을 들고 각각 멀리 떨어진 산의 정상에 섰다. 갈릴레오가 먼저 등을 가리면 이를 본 조수가 바로 자기가 들고 있는 등을 가렸다. 갈릴레오는 자기가 등을 가리는 순간부터 조수가 등을 가릴 때까지의 시간 차이를 잴 생각이었다. 이 시간이 빛이 두 사람의 사이를 오가는 시간이니 광속을 측정할 수 있을 거라 여긴 것이다.

하지만 이 실험으로는 광속을 측정할 수 없었다. 두 사람의 반응시간과 등을 가리는 시간을 계산하지 않는다고 해도 이 정도 거리를 지나는 빛의 시간은 겨우 몇 마이크로초에 불과해 당시의 조건으로는 측정할 수 없는 시간이다. 갈릴레오도 이 실험으로는 빛의 속도를 측정할 수 없음을 스스로 인정했으며, 광속이 유한한지 무한한지도 판단할 수 없었다. 하지만 갈릴레오는 "설사 광속이 유한해도 불가사의할 정도로 빠를 것이다"라고 말했다.

목성을 이용한 속도 측정법

진정한 의미의 광속 측정을 시작한 사람은 덴마크 천문학자 올레 크리스텐센 뢰머Ole Christensen Rømer였다.

1610년 갈릴레오는 직접 개선한 망원경으로 목성의 위성 4개를 발견했다. 그중 목성에 가장 가까운 위성 이오Io는 42.5시간마다 목성을 한 바퀴 돌았다. 이오의 평면 궤도는 목성이 태양을 공전하는 궤도와 굉장히 비슷했다. 이오가 목성의 뒷면으로 돌아갔을 때 태양의 빛이 이오를 비출 수 없어서 지구에 사는 사람들은 이오를 볼 수 없었다. 이를 '이오의 식'이라고 부른다.

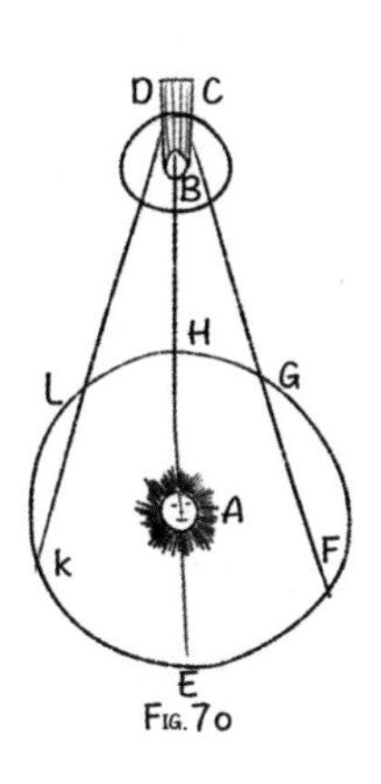

FIG. 70

위 그림을 보면 지구는 태양 *A*를 도는 궤도 *FGLK* 위에 시계 반대 방향으로 돌고, 이오는 목성 *B*를 시계 반대 방향으로 돈다. 목성의 뒷면 *CD* 구간은 그림자 지역으로, 이오가 이 부분에 진입하면 태양 빛을 받지 못하기 때문에 사람들은 이오를 볼 수 없다. 다시 말해 이오가 *C*점에 도달하면, 사라졌다가 그림자에서 나올 때 사람들은 다시 이오를 볼 수 있다. 뢰머는 이 현상을 이용해 빛의 속도를 측정했다.

우선 지구가 목성에 다가갔을 때 발생하는 사라짐과 나타남 현상에 대해 생각해 보자.

이오가 *C*점에 도달해 그림자에 들어갈 때 이 현상의 빛은 일정한 거리에서 전파돼야 지구에 도달할 수 있다. 만일 빛이 *C*에서 지구로 전파되었을 때 지구가 *F*점에 위치하면 사람들은 이오가 실제 그림자에 진입하는 시간보다 조금 늦게 사라지는 현상을 관찰하게 된다. 이 시간은 *CF*의 길이와 빛의 속도의 비와 동일하다.

이오가 *D*점에 도달해 그림자에서 나오면 다시 태양의 빛을 반사한다. 이 현상도 지구에 도달하려면 시간이 걸린다. 지구가 공전하기 때문에 이 빛이 지구에 도달했을 때 지구는 *G*점에 위치한다고 가정하면, 사람들은 이오가 그림자에서 나오는 시간보다 이오의 등장을 조금 늦게 관찰할 수 있다. 이 시간은 *DG*의 길이와 빛의 속도의 비와 같다.

하지만 *CF*가 *DG*보다 길기 때문에 사라짐 현상의 지연이 나타남 현상의 지연보다 길다. 즉, 사라지는 것은 늦게 발견되고 나타나는 것은 일찍 발견된다. 그래서 사라짐과 나타남의 시간 간격은 이오가 그림자 중에 있는 시간보다 짧다.

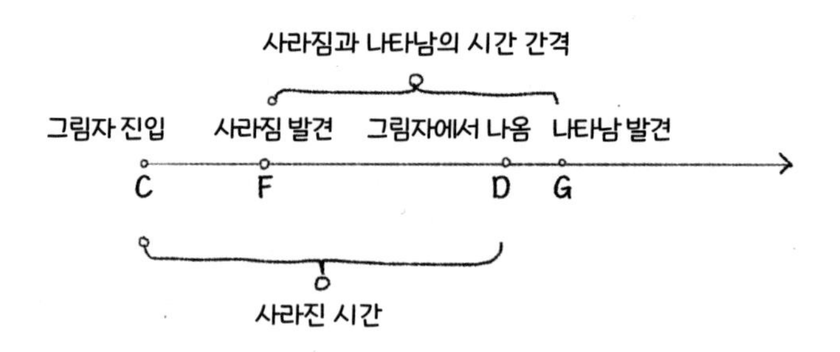

마찬가지로 지구가 목성에서 멀리 떨어졌을 때에도 같은 현상

을 관찰할 수 있다.

만일 지구가 *L*에 도달해 이오가 사라진 것을 발견하고 *K*에 도달해 이오가 나타남을 발견하면 지구가 목성에서 멀리 떨어져 있기 때문에 *LC*의 길이는 *KD*의 길이보다 짧다. 사라지는 것은 일찍 발견되고 나타나는 것은 늦게 발견되는 것이다. 사람들은 사라짐과 나타남의 시간 간격이 이오가 실제로 목성의 그림자 중에 머무르는 시간보다 길다는 것을 관찰했다.

1671년에서 1673년까지 뢰머는 여러 차례 관찰한 끝에 지구가 목성에서 멀리 떨어졌을 때 잠시 보이지 않는 시간과 등장했을 때의 시간 차이가 다가왔을 때의 시간 차이보다 7분이 더 길다는 것을 발견하고 빛의 속도가 10^8m/s라는 결론을 얻었다.

과학계의 두 거장 뉴턴과 하위헌스는 빛이 입자인지 파장인지에 대한 의견 차이를 두고 논쟁을 벌였지만, 광속의 측정에서는 두 사람 다 뢰머의 방법을 지지했다. 뉴턴은 빛이 태양에서 지구까지 오는 데 8분이 걸린다고 했다. 다시 말해 우리가 보는 태양은 8분 전의 태양인 셈이다.

마이컬슨과 푸코의 실험

그로부터 200년이 지나고 미국의 물리학자 앨버트 에이브러햄 마이컬슨Albert Abraham Michelson이 처음으로 광속 측정의 정밀도를 대폭 향상시켰다.

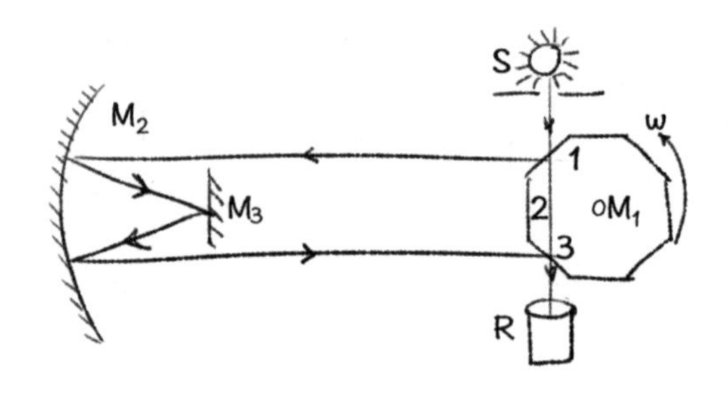

마이컬슨은 거리를 두고 팔각 거울 M_1과 반사 장치 M_2, M_3를 설치했다. 그는 팔각 거울의 1에서 반사된 빛이 M_2, M_3에서 반사되어 돌아와 거울면 3에 반사된 후 관찰 접안렌즈에 들어오게 했다. 팔각 거울이 조금만 움직여도 거울면 1에서 반사된 빛은 M_2를 비추지 못했고, 관찰 렌즈에서는 빛을 볼 수 없었다.

팔각 거울을 회전시키고 각도를 점진적으로 크게 하면 어느 각도에서는 관찰 렌즈에 다시 빛이 들어왔다. 거울면 1의 경사도가 45° 일 때 광선이 거울면 1을 거쳐 M_2에 반사되고 다시 팔각 거울로 돌아오면 팔각 거울은 딱 한 칸(1/8주기) 움직였기 때문에 거울면 2가 그림 속 거울면 3의 위치로 움직이고 광선이 반사되어 관찰 렌즈에 들어오게 된다. 이때 시각의 잔류현상 때문에 관찰 렌즈에서는 계속 빛을 볼 수 있는 것처럼 느껴진다.

관찰 렌즈에서 빛을 볼 수 있을 때의 좌우 장치의 거리를 L, 팔각거울의 회전 주기를 T라 가정해 보자. 빛이 거울면 1에서 왼쪽으로 반사되고 다시 거울로 돌아오는 거리의 근사치는

$S=2L$이다.

위 분석에 의하면 빛이 한 번 왕복할 때 팔각 거울은 1칸 움직이고, 그 시간은 $t=T/8$이다.

따라서 빛의 속도는 $v=\frac{s}{t}=\frac{2L}{\frac{T}{8}}=\frac{16L}{T}$이다.

이 원리에 의하면 마이컬슨이 측정한 빛의 속도는 299.853±60km/s로, 오늘날 측정한 정확한 빛의 속도에 매우 근사한 값이다.

현재는 더 정확한 방법으로 진공에서의 빛의 속도가 299792458km/s임을 측정했고, 빛의 속도를 이용해 'm'라는 개념을 정의했다. 1m는 빛이 진공 속에서 1/299792458초 내에 전파되는 거리이다. 천문학적 거리는 광년이라는 개념을 사용한다. 1 광년은 빛이 1년 동안 가는 거리로, 약 9.5×10^{15}m이다.

03

아르키메데스는 지구를 들어 올릴 수 있을까?
_ 지구 반지름과 질량 측정하기

"나에게 아주 큰 지렛대를 주면 지구를 들어 올려 보이겠다."

이것은 아르키메데스가 한 말로, 지렛대를 이용하면 힘과 노력을 아낄 수 있다는 뜻이다.

아르키메데스는 정말로 지구를 들 수 있을까? 이를 알아보려면 지구의 질량을 알아야 하고, 지구의 질량을 측정하려면 지구의 반지름을 알아야 한다.

지구 반지름을 측정한 사람

아주 옛날부터 사람들은 지구가 동그랗다는 것을 알았다. 피타고라스는 처음으로 지구의 개념을 제시했고, 아리스토텔레스는 지구가 동그란 형태라는 것을 증명하는 세 가지 방법을 제시했다. 그가 제시한 방법은 다음과 같다.

1. 북쪽으로 갈수록 북극성이 높아지고, 남쪽으로 갈수록 북극성은 낮아진다.
2. 항구로 들어오는 배는 돛대를 먼저 드러낸 후 서서히 선체를 드러낸다.
3. 월식 때 달에 비치는 지구의 그림자는 구형이다.

지구가 구형일 때 지구의 반지름은 어떻게 측정할까?

처음으로 지구의 반지름을 측정한 사람은 고대 그리스의 수학자인 에라토스테네스Eratosthenes이다. 그가 쓴 방법은 다음과 같다.

24절기의 하나인 하지 때 태양광은 북회귀선을 수직으로 비춘다. 그래서 하지 정오가 되면 북회귀선 부근에 있는 이집트의 아스완이라는 도시 우물에 태양광이 수직으로 우물 바닥까지 깊이 비춘다.

반면, 아스완 북쪽에 있는 도시인 알렉산드리아는 태양광이 지면을 직접 비추지 않는다.

에라토스테네스는 알렉산드리아 도시 중 한 석탑의 높이와 그 석탑 그림자의 길이 관계를 연구해 태양광과 지면의 수직 방향 사이의 끼인각이 7°라는 것을 알아냈다.

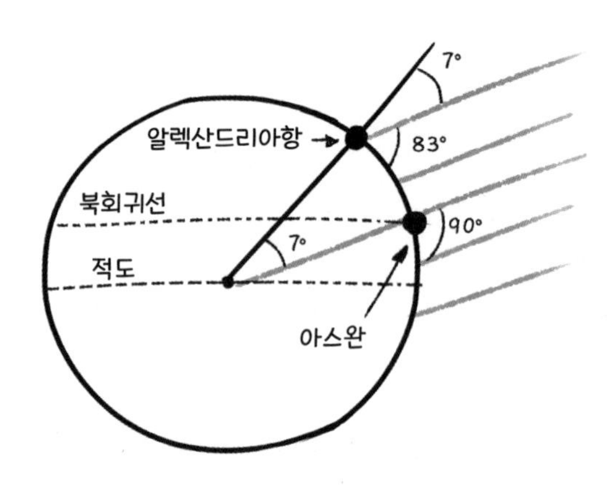

태양에서 지구까지의 거리가 지구의 반지름보다 훨씬 멀기 때문에 태양 빛은 지구를 거의 평행으로 비춘다. 그림의 기하학 관계에서 알 수 있듯이 알렉산드리아항과 아스완을 지구 중심과 연결한 각도는 7°이다. 따라서 두 도시 사이의 거리는 대략 지구의 둘레의 7/360가 된다. 에라토스테네스는 두 도시 간의 거리를 측정해 지구의 둘레와 반지름을 구했다. 오늘날 우리가 알고 있는 지구 적도의 둘레는 약 40,000km, 반지름은 약 6,400km이다.

지구 질량을 측정한 사람

지구 반지름은 2천여 년 전에 측정했지만, 지구 질량은 18세기, 즉 지금으로부터 300여 년 전에야 측정할 수 있었다.

뉴턴은 사과가 바닥으로 떨어지는 이유를 설명하기 위해 만유인력의 법칙을 주장했다. 만유인력의 법칙이란, 모든 물체 사이에는 서로 끌어당기는 힘이 작용하고, 그 크기는 두 물체의 질량의 곱에 비례하며 두 물체 사이 거리의 제곱에 반비례한다는 법칙을 말한다. 이를 공식으로 쓰면 다음과 같다.

$$F = G\frac{m_1 \times m_2}{r^2}$$

여기서 F는 인력, G는 만유인력의 상수, m_1, m_2는 두 물체의 질량, r은 두 물체 사이의 거리이다.

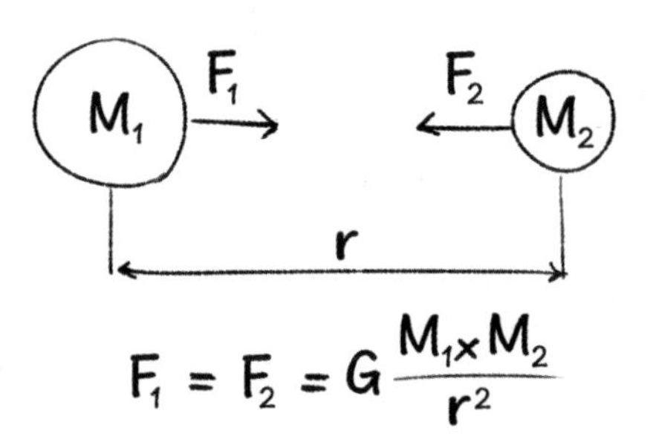

만일 한 물체의 크기가 다른 물체보다 작을 때 그 물체는 점으

로 처리할 수 있다. 이때 물체의 거리가 비교적 가까우면 둘 사이의 거리를 계산하는 것은 복잡한 문제이다. 하지만 질량 분포가 균일한 둥근 모양이라면 둘 사이의 만유인력은 계산하기 쉽다. 구심球心의 거리를 r에 대입하면 되기 때문이다.

예를 들어 지구상에 사과가 하나 있다. 사과는 지구 반지름보다 훨씬 작기 때문에 점으로 간주할 수 있다. 이때 사과와 지구 중심 간의 거리는 지구 반지름을 R, 지구의 질량을 M, 사과의 질량을 m이라 할 때, 둘 사이의 만유인력은 $F=G\frac{Mm}{R^2}$이 된다. 이것이 바로 물체에 대한 지구의 인력이며, 물체의 중력이라고도 할 수 있다. 중력과 물체 질량의 비를 '중력 가속도'라고 하는데, 여기에서 중력 가속도는 물체의 중력과 동일하다고 가정하자.

$$g=\frac{F}{m}=G\frac{M}{R^2}$$

여기서 우리는 $GM=gR^2$이라는 공식을 얻을 수 있고, 이 공식을 '황금 공식'이라고 부른다.

고대 그리스 시대 사람들은 지구 반지름이 R=6,400km라는 사실을 알아냈고, 뉴턴 이후 사람들은 중력 가속도 g=9.8N/kg임을 측정했다. 그러니 이제 만유인력의 상수만 측정하면 지구의 질량을 알 수 있다.

뉴턴은 1687년에 출판한 《자연철학의 수학적 원리Philosophiae Naturalis Principia Mathematica》에서 만유인력의 법칙을 소개했다. 하지만 실험 조건의 제한으로 인해 정작 본인은 이를 측정하지 못했다.

그러다 100여 년 이후 영국의 과학자 헨리 캐번디시Henry Cavendish가 정교한 저울을 이용해 G의 수치를 측정해 $G=6.67\times10^{-11}Nm^2/kg^2$라는 것을 밝혀냈다.

뉴턴이 이를 측정하지 못한 것은 질량이 1kg인 두 공 사이의 거리가 1m일 때, 인력이 겨우 6.67×10^{-11}N밖에 되지 않기 때문이다. 그러다 이런 절차를 거쳐 마침내 지구의 질량 6×10^{24}kg을 계산할 수 있었다.

사람들은 캐번디시를 '지구 질량을 측정한 사람'이라고 불렀다. 그가 만유인력의 상수를 측량하고 지구 질량을 계산했기 때문이다. 그래서 영국 케임브리지대학교에 있는 물리학과 실험실은, 그를 기리기 위해 '캐번디시 실험실'이라는 이름을 붙였다. 현재 이 실험실은 세계에서 가장 우수한 실험실 중 하나이다.

이제 지구를 들어 올리는 문제에 대해 토론하자.

아르키메데스 시대에는 '인력引力'이라는 개념이 없었다. 아르키메데스가 지구상에서 지구와 동일한 질량의 물체를 들어 올린다고 가정할 때, 과연 성공할 수 있을까?

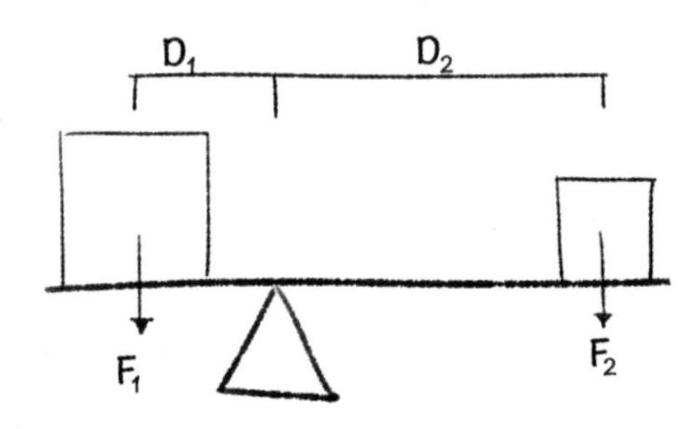

아르키메데스가 발견한 지렛대 원리에 의하면, 지렛대는 평형을 이루어야 하며 양 끝에 가해지는 힘과 지렛대의 받침점에서 힘점까지의 거리의 곱이 동일해야 한다. 즉 $F_1D_1=F_2D_2$이다. 따라서 적은 힘으로 커다란 물체를 들어 올리려면 중력이 작은 물체 쪽에서 받침점까지의 거리가 중력이 큰 물체 쪽에서 받침점까지의 거리보다 훨씬 길어야 한다.

가령 아르키메데스의 몸무게가 100kg이고 지구의 질량이 6×10^{24}kg라고 할 때 아르키메데스가 지구를 들어 올리려면 지레 받침점에서 아르키메데스 쪽 힘점까지의 거리는 지레 받침점에서 지구 쪽 힘점까지 거리의 6×10^{22}배가 되어야 한다.

아르키메데스가 지구를 1cm 들어 올리려면 지렛대의 비례 관계에 의해 아르키메데스 쪽이 하강하는 거리는 6×10^{20}m가 되어야 하는데, 이는 약 6만 광년에 해당한다. 다시 말해서 아르키메데스가 자신의 중력으로 지구를 들어 올리려면 모든 실험 설비가 준비되고 그가 광속 운동을 한다고 해도 6만 광년의 시간이 있어야 겨우 지구를 1cm 들어 올릴 수 있다. 그러니 사실상 불가능한 일임이 분명하다.

아르키메데스가 했던 호언장담은 지렛대의 원리는 간파했지만, 지구와 사람의 질량 간에 커다란 차이가 있음을 경시해서 생긴 오류이다.

천체 간의 거리는 얼마나 멀까?
_ 시차법, 케플러 법칙, 금성경과

날씨가 좋은 날에 밤하늘을 보면 반짝이는 아름다운 별들을 볼 수 있다. 육안으로 볼 수 있는 별은 대부분 태양계 내의 몇 개 행성 외에 모두 다른 은하계의 항성이다. 이 항성들은 우리와 멀리 떨어져 있어 엄청난 속도의 빠른 빛으로 온다고 해도 우리가 있는 곳에 도착하려면 몇 년이나 걸린다. 이 별과 지구의 거리는 어떻게 측정할까?

시차법과 파섹

항성의 거리를 측정하는 가장 기초적인 방법으로 삼각시차

trigonometrical parallax, 삼각측량으로 구한 천체의 시차법이 있다.

예를 들어 키가 큰 나무가 한 그루 있다고 할 때, 이 나무의 높이는 어떻게 잴 수 있을까?

우선 뿌리와 나무 꼭대기를 관찰하는 두 개의 관찰 방향을 정하고, 그 사이의 각도를 측정한다. 그런 다음, 관찰점과 나무 사이의 수평 거리를 재면 삼각법에 근거해 나무의 높이를 구할 수 있다.

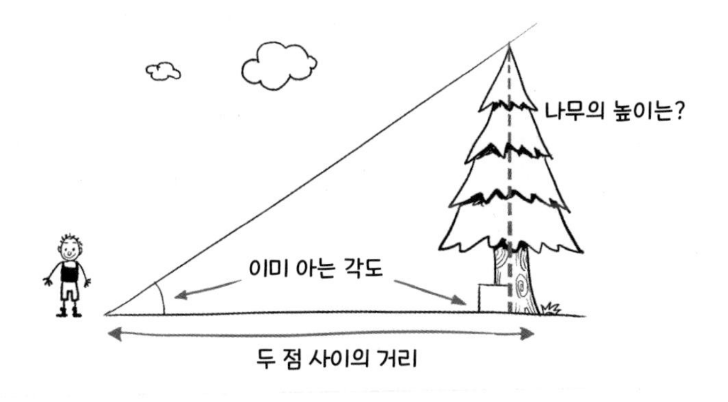

삼각시차법의 기본 원리는 이와 비슷하다. 지구는 태양을 따라 회전하기 때문에 여름과 겨울에 별을 관찰하는 시선의 방향은 다르다. 이때 여름과 겨울에 별을 관찰하는 시선의 방향을 기록하고 두 방향의 각도를 계산한다.

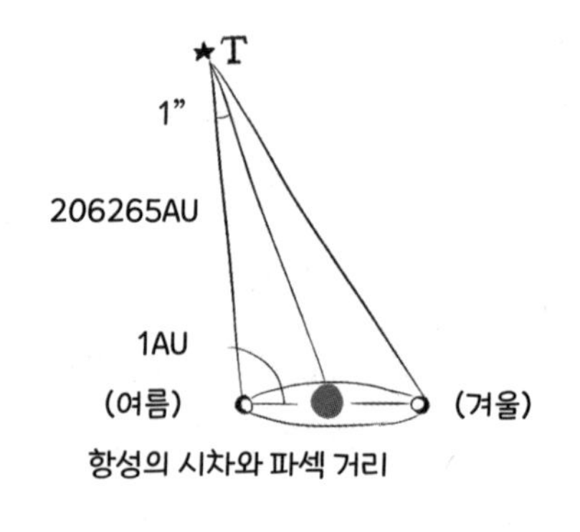

항성의 시차와 파섹 거리

우리는 원의 중심각은 360°라는 것을 알고 있다. 시간은 60분으로 나눌 수 있고, 분은 60초로 나눌 수 있다. 따라서 1초는 1/1296000 원주와 같다. 이것은 매우 작은 각도이다. 만일 여름과 겨울에 같은 항성을 관찰할 때 관측 방향의 각도가 2°라면 항성과 지구의 연결선과 항성과 태양의 연결선의 각도는 약 1°가 된다. 이때 항성에서 지구의 거리를 1파섹(pc)이라고 한다.

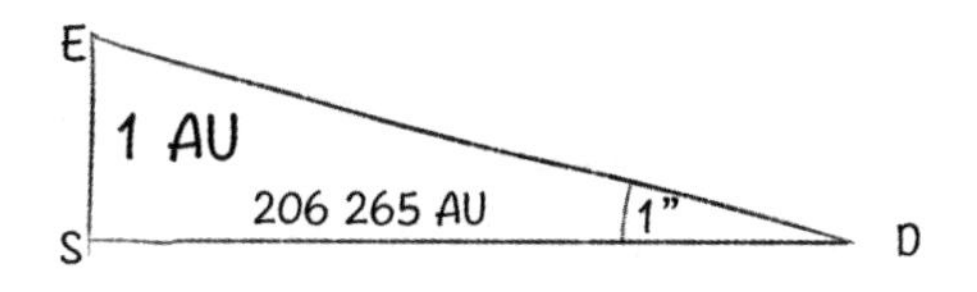

다시 태양(S), 지구(E)와 천체(D)를 삼각형으로 그려 태양에서 지구까지의 거리를 1천문단위(AU)라고 하고, 지구와 천체 간의 거리 SD를 1pc이라고 하면, 삼각법에 따라 대략 1pc=206265AU로 20만 천문단위와 비슷한 값이 나온다. 이 방법에 따라 측정한 지구에서 가장 가까운 항성은 켄타우로스Centauros자리에 있는 프록시마 켄타우리Proxima Centauri라는 항성이다. 이 항성은 지구에서

1.3pc, 즉 27만 AU만큼 떨어져 있다. 지구는 은하계 중심에서 약 8000pc 떨어져 있으며, 이는 약 16억 AU에 해당한다.

케플러의 법칙

태양에서 지구까지 거리를 구체적인 수치로 측정하려면 천문단위를 측정해야만 한다. 지구에서 태양까지의 평균 거리는 얼마일까? 또 이 거리는 어떻게 측정할 수 있을까?

어쩌면 레이저를 태양으로 발사해 반사되어 돌아오는 시차時差를 계산하면 되지 않을까 하고 생각하는 사람도 있을 것이다. 그러나 이런 방법은 사용할 수 없다. 태양과 지구 사이의 거리가 멀어서 태양까지 레이저를 쏠 수 없기 때문이다. 설사 레이저가 태양에 도달한다고 해도 반사된 빛은 거대한 태양 복사광에 묻혀서 분간할 수 없을 것이다.

우리가 지구와 태양 사이의 거리를 측정하려면, 우선 17세기 독일의 천문학자이자 수학자인 요하네스 케플러Johannes Kepler에 대해 알아야 한다.

당시 신성로마제국 황제인 루돌프 2세의 황실 천문학자는 덴마크의 천문학자 튀코 브라헤Tycho Brahe였고, 케플러는 튀코의 조수였다.

튀코가 죽은 후 케플러는 그가 남긴 방대한 천문 관측 데이터를 연구해 《신천문학Astronomia Nova》을 완성했다. 케플러는 《신천문학》과 관련 저서에서 '행성 운동의 세 가지 법칙'을 제시했다.

---

1. 행성의 공전궤도公轉軌道는 타원이며, 그 초점 중 하나에 태양이 위치한다.
2. 행성과 태양을 연결한 선이 같은 시간 동안 움직여 만드는 부채꼴 면적은 언제나 같다.
3. 행성 공전주기의 제곱은 행성 궤도의 장반경의 세제곱에 비례한다.

케플러의 연구를 통해 인류는 처음으로 행성의 공전궤도가 원이 아닌 타원이라는 것을 알게 되었다.

행성이 운동할 때는 '근일점近日點, 태양의 둘레를 도는 행성 또는 혜성의 궤도 위에서 태양에 가장 가까운 점'과 '원일점遠日點, 태양의 둘레를 도는 행성 또는 혜성이 태양에서 가장 멀리 떨어지는 점'이 존재한다. 지구의 근일점은 1월 초이고, 원일점은 7월 초이다. 하지만 지구 궤도의 근일점이나 원일점일 때 태양과의 거리 차이는 크지 않다. 왜냐하면 지구의 궤도는 원과 가깝기 때문이다.

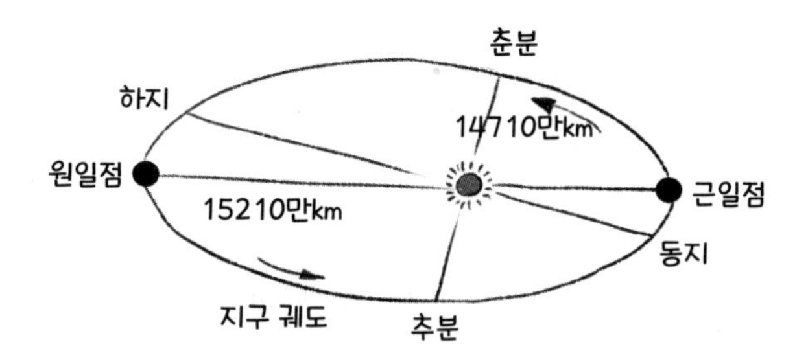

케플러 제2 법칙에 의하면 태양과 행성을 연결한 선분이 같은 시간 동안 움직여 만든 (A라고 표시한) 도형의 면적은 같다. 즉 아래 그림에서 A의 면적은 전부 같다. 그러므로 같은 면적을 보장하려면 어떤 별이든 근일점에서는 빠르게 움직여야 하고, 원일점에서는 느리게 움직여야 한다.

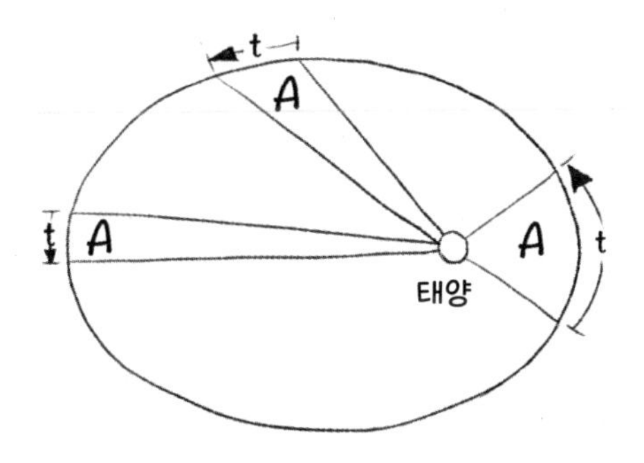

케플러 제3 법칙에 의하면 태양계 행성의 공전궤도 반지름은 행성마다 다르다. 작은 것에서 큰 순서대로 말하자면, 수성, 금성,

지구, 화성, 목성, 토성 등이다. 이들의 주기는 서로 다르며 궤도의 반지름이 작으면 주기가 작고, 반지름이 크면 주기도 크다.

행성	평균 공전궤도 반지름R/m	주기 T/s
수성	5.79×10^{10}	7.60×10^{6}
금성	1.08×10^{11}	1.94×10^{7}
지구	1.49×10^{11}	3.16×10^{7}
화성	2.28×10^{11}	5.94×10^{7}
목성	7.78×10^{11}	3.78×10^{8}
토성	1.42×10^{11}	9.30×10^{8}
천왕성	2.87×10^{11}	2.66×10^{9}
해왕성	4.50×10^{11}	5.20×10^{9}

간단하게 설명하기 위해 행성 궤도를 원형이라고 하자.

케플러는 행성 궤도 장반경의 세제곱이 공전주기의 제곱과 비례하면, 태양계 행성들의 비율은 같다고 보았다.

케플러는 수많은 천문학 데이터를 바탕으로 위에서 말한 결론을 얻게 되었다. 하지만 어떻게 해서 결론을 얻게 되었는지 그 이유는 밝히지 않았다. 이후 과학계의 거장 뉴턴이 케플러 법칙에 영향을 받아 만유인력의 법칙을 발표하고, 케플러 법칙을 물리적으로 해석하는 데 성공했다. 이렇게 케플러 법칙을 통해 태양과 지구의 거리를 측정할 수 있게 되었다.

핼리와 금성경과

1678년 영국 천문학자 에드먼드 핼리Edmund Halley는 22살의 나이로 금성의 움직임을 통해 지구와 태양의 거리를 측정하는 방법을 제시했다. 우리가 한 번쯤 들어본 '핼리혜성'은 그의 이름을 따서 붙인 것이다.

금성은 공전궤도가 지구보다 작기 때문에 '내행성'이라고 부른다. 때때로 금성이 지구와 태양의 연결선을 지날 때가 있는데, 이를 '금성경과金星經過'라고 부른다. 이때 지구에서는 검은 점처럼 생긴 금성이 태양 앞을 지나가는 모습이 관찰된다.

케플러의 법칙에 따라 지구의 공전궤도 반지름 r_1과 금성의 공전궤도 반지름 r_2의 방정식은 다음과 같다. 이때 지구와 금성이 태양을 끼고 공전하는 주기 T_1, T_2는 관측을 통해 알 수 있다.

$$\frac{r_1^{\ 3}}{T_1^{\ 2}} = \frac{r_2^{\ 3}}{T_2^{\ 2}} \qquad (1)$$

또한, 금성경과 때 삼각시차법에 따라 지구에서 금성까지의 거리를 측정할 수 있다.

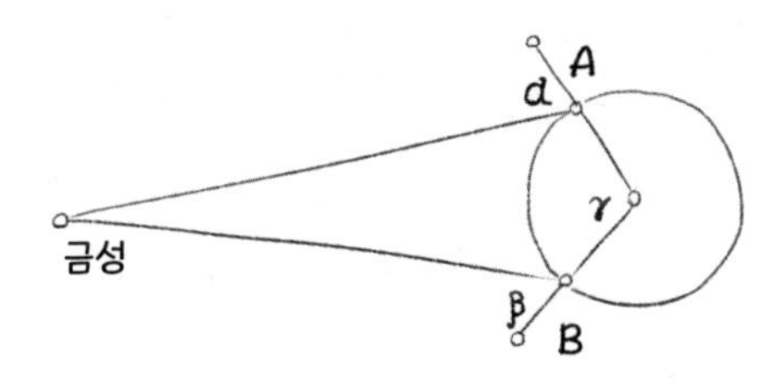

금성은 A와 B 두 지점에서 관측할 수 있다. 금성의 방향과 수직 지면 방향 사이의 각도 α와 β 및 AB 두 점과 지구의 중심이 이루는 지구의 중심각 r 그리고 이미 알고 있는 지구 반지름 R을 이용해 금성에서 지구까지의 거리 d를 기하학적 방법으로 계산할 수 있다. 이 거리는 마침 지구 궤도 반지름과 금성 궤도 반지름의 차이와 같다.

$$d=r_1-r_2 \qquad (2)$$

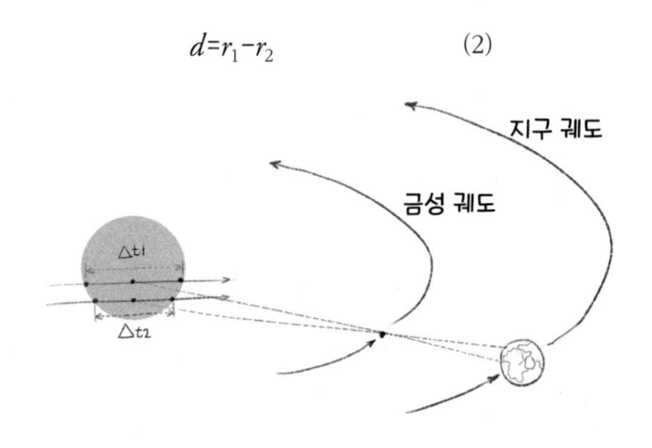

이 두 개의 방정식 (1)과 (2)를 사용하면 태양에서 지구까지의 거리를 구할 수 있다. 여기서 지구의 궤도 반지름 r_1이 바로 천문단위 AU이다.

유감스럽게도 금성과 지구의 궤도면이 완전히 포개어 합쳐지지 않기 때문에 금성경과의 주기는 복잡한 편이다. 금성경과의 주기는 8년, 105.5년, 8년, 121.5년으로 243년마다 네 번 일어난다. 다시 말해서, 어떤 사람은 금성경과를 사는 동안 두 번 볼 수 있고, 어떤 사람은 평생 한 번도 보지 못한다.

핼리가 측정 방법을 제시했을 때, 다음번 금성경과는 83년 후에 이루어질 것이라고 예상했다. 그래서 핼리는 이것을 보지 못한다는 것을 알고 있었고, 과학자들은 금성경과 볼 시간을 기다렸다.

1761년 인류가 처음으로 금성경과를 이용해 태양에서부터 지구의 거리를 측정했지만, 유감스럽게도 좋은 결과를 얻지 못했다. 그러다 8년 후인 1769년, 영국의 과학자 제임스 쿡James Cook 선장의 인도하에 태평양에서 금성경과를 관측했다. 당시는 영국과 프랑스의 7년 전쟁이 막 끝난 때여서 두 나라는 대치 상태였지만, 프랑스 정부는 특별히 해군에게 쿡 선장의 함대를 공격하지 말라고 명령했다.

1769년 6월 3일, 과학자들은 마침내 금성경과를 관측했다. 1771년 프랑스의 천문학자 조제프 제롬 르 프랑세 드 랄랑드Joséph Jérôme Le Français de Lalande는 이 관측 자료를 근거로, 처음으로 지구와 태양 간의 거리가 약 1억 5000만km라는 것을 계산해낸 후 천문단위 AU라고 이름 지었다. 사람들은 이 숫자를 근거로 각 천체에서 지구의 거리를 추정했다.

나침반은 왜 남쪽을 가리킬까?
_ 자기장의 형성

나침반의 기본 원리는 자유롭게 회전하는 작은 자침이 자기장의 작용을 이용해 한쪽은 남쪽, 한쪽은 북쪽을 가리킨다. 남쪽을 가리키는 자침 끝을 '남극'(S극), 북쪽을 가리키는 자침 끝을 '북극'(N극)이라고 한다. 일반적으로 북쪽을 가리키는 자침의 끝은 붉은색으로 칠한다.

나침반이 가리키는 곳

나침반이 남과 북을 가리키는 이유는, 지구에 자기장磁氣場이 있기 때문이다.

자석은 같은 극끼리는 서로 밀어내고, 다른 극끼리는 끌어당긴다. 자석의 N극에 다른 자석의 S극을 가까이 가져가면, 두 자석이 서로 끌어당기는 것을 볼 수 있다. 그러나 자석의 N극에 다른 자석의 N극을 가까이 가져가면 두 자석은 서로를 밀어낸다.

자기장은 자석에 강력한 작용을 한다. 다시 말해, 하나의 자석이 주변의 공간에 자기장을 생성하면, 이 자기장이 다른 자석에 강력한 작용을 한다. 만일 자석 주위에 작은 자침을 두면 자침들의 N극은 자기장과 같은 방향을 가리키고, 자성체 외부의 자기장은 자성체의 N극에서 자성체의 S극으로 향한다.

과학자들은 지구 표면에서 남북을 가리키는 나침반의 특징을 보곤, 지구가 자기장을 가지고 있을 것이라 추측했다. 이를 '지구자기장地球磁氣場'이라고 부른다. 지구자기장은 막대자석의 자기장과 매우 비슷하다.

과학자들은 나침반 바늘의 N극이 북쪽을 가리키는 것을 보고 자기장 방향이 남에서 북으로 향한다고 분석했다. 이는 지구자기장의 N극은 사실 지리상 남극 부근이고, 지구자기장의 S극은 지리상 북극 부근이라는 것을 의미한다. 즉 지구자기장의 남북극과 지리상의 남북극은 반대이다.

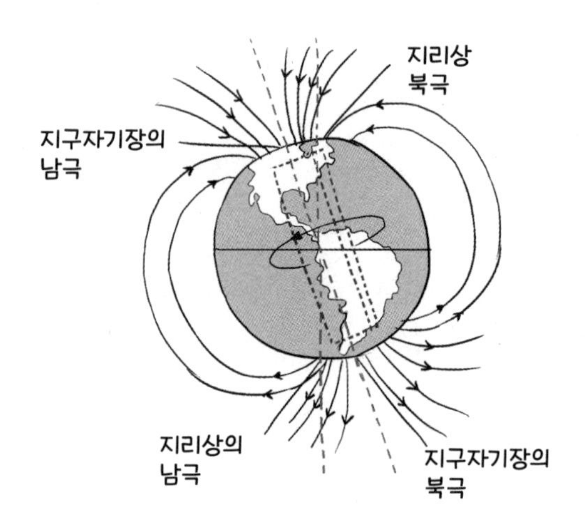

게다가 지구자기장의 남북극과 지리적인 남북극도 완전히 일치하지 않는다. 이 각도 차이를 '지구자기장의 편각偏角, 자침이 가리키는 방향과 그 점을 지나는 지리학적 자오선과의 사이에 이루어지는 각을 뜻함'이라고 부른다.

외르스테드의 실험

지구는 왜 자기장을 생성할까? 자기장은 어떻게 하면 생길까?

처음에 사람들은 전기와 자성磁性, 자기磁氣를 띤 물체가 나타내는 여러 가지 성질은 완전히 별개의 현상이라고 여겼지만, 많은 시간이 흘러 전기와 자성이 어쩌면 관련이 있을지도 모른다고 생각하기 시작했다. 가장 전형적인 예는, 벼락을 맞고 쪼개진 철광

석이 자성을 띠는 경우이다. 이걸 보며 사람들은 어쩌면 전기가 자성을 만드는 것일 수도 있다고 생각했다.

덴마크의 물리학자 한스 크리스티안 외르스테드Hans Christian Örsted는 처음으로 전류와 자기장의 관계를 연결했다. 1806년 교수가 된 그는, 매달 특별한 실험을 준비해 학생들에게 과학계의 최신 성과를 소개했다. 그러던 어느 날, 그는 전기가 통하는 선을 나침반에 가까이 댔을 때, 나침반이 돌아가는 것을 발견했다. 그는 학생들과 함께 역사적인 순간을 목격한 것이다. 하지만 당시에는 이런 현상을 해석할 수 없었다.

몇 개월 뒤 그는 마침내 전류가 자기장을 생성하며 자기장이 자침에 강력한 작용을 한다는 것을 깨달았다. 이때부터 사람들은 정식으로 전기와 자성이 연관되어 있다는 것을 알게 되었다.

외르스테드 이후 수많은 과학자는 전류가 자기장을 형성하는 여러 현상에 대해 연구했다. 그래서 직선 전류가 만드는 자기장은 동심원을 만들며 오른나사를 돌리는 것과 같은 방향으로 자기력선을 만든다(오른손으로 전선을 쥐면 엄지손가락이 전류 방향을 가리키고, 네 손가락이 자기장의 방향을 가리킴)는 것을 알아냈다.

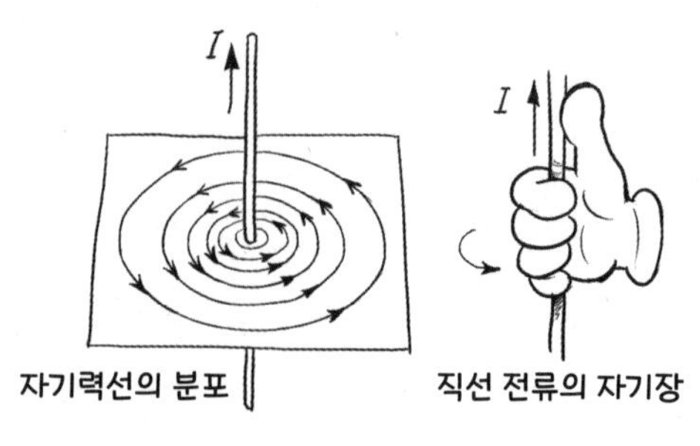

앙페르의 법칙

전기 코일이 만드는 자기장도 있다. 스프링에 전기를 통과해서 생성된 자기장과 막대자석의 자기장은 매우 비슷하다. 이것 역시 오른손 법칙을 쓸 수 있다.

오른손으로 나선 코일을 잡으면 네 손가락이 가리키는 방향은 전류의 방향이고, 엄지손가락이 가리키는 방향은 막대자석의 극과 같다.

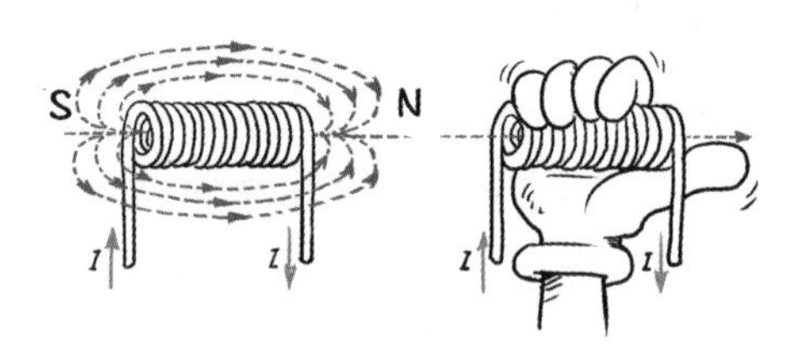

코일이 만드는 자기장

고리형 전류의 자기장도 막대자석의 자기장과 같고, 이것 역시 오른손 법칙을 쓸 수 있다.

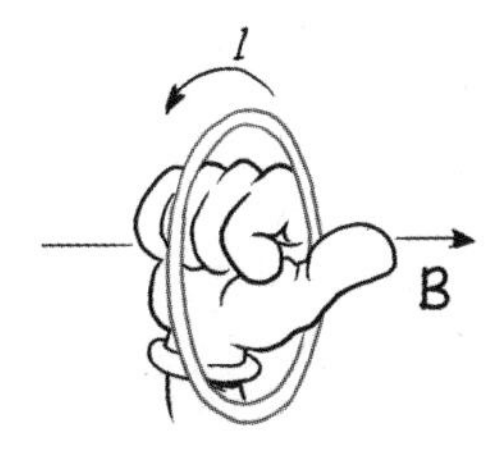

고리형 전류의 자기장

프랑스의 물리학자 앙드레 마리 앙페르André-Marie Ampère가 처음으로 이 규칙을 깨달았기 때문에 오른손 법칙을 '앙페르의 법칙'이라고 부르기도 한다.

앙페르는 《전기역학 실험 보고집Théorie mathématique des phénomènes électrodynamiques uniquement déduite de l'expérience》을 출간했고, 이 책에서 처음으로 전기역학이라는 새로운 단어가 과학의 무대에 등장했다.

앙페르의 분자 전류 가설

앙페르는 전류의 자기장 연구하는 것으로 만족하지 않았다. 그래서 그는 '자석 내부에 전류가 있으면 이 전류가 자석의 자기장을 형성할 것'이라는 대담한 생각을 했다. 이것이 유명한 '앙페르의 분자 전류 가설'이다. 앙페르는 자석 내부에 매우 작은 원형 전류가 존재할 것이라고 생각하고, 이를 '분자 전류'라고 불렀다.

분자 전류는 N극과 S극을 가지고 있다. 만일 이 분자 전류들이 무질서하다면 자기장이 서로 상쇄되어 자성을 띠지 않을 것이다. 하지만 만일 외부 자기장의 작용으로 분자 전류가 같은 방향으로 움직이면 자기장을 표출해 양 끝에 자성이 형성될 것이다.

앙페르가 살던 시대에 사람들은 물질을 조성하는 원자가 어떤 모양인지 짐작할 수 없었고, 원자 안에 원자핵과 전자가 있다는 것은 아예 알 수 없었다. 그래서 앙페르의 주장은 '가설' 단계에 머물 수밖에 없었다.

오늘날의 과학계는 전자가 스스로 원자핵 주위를 돌아 자기장이 형성된다고 본다. 그러니 앙페르 분자 전류 가설은 어느 정도 정확성을 갖추었다고 할 수 있다.

자석의 자기장도 전류에서 생성된다면 '모든 자기 현상은 전류에서 생성되고, 모든 자기 현상의 본질은 전기'라고 결론내릴 수 있다.

지구자기장

자기장이 생기는 원인은 무엇일까?

이 문제에 대해 과학계는, 지구 내부에서 흐르는 외핵의 액체가 전류를 만들어 자기장을 생성한다고 하는 사람이 있는가 하면, 대기 중에 전하가 존재해서 대기 운동으로 전류가 생기면서 자기장이 생성된다고 생각하는 사람도 있다. 누구 의견이 맞든 지구의 자기장은 전류로 인해 생성된다.

사실 지구자기장은 불변하는 것이 아니다. 지구 자기장의 남북 양극은 매 순간 조금씩 이동하고 있으며, 역사상 지구 자기장의 남북극은 여러 차례 바뀌었다. 마지막으로 바뀐 것은 지금으로부터 약 78만 년 전이었다.

지구자기장은 우리에게 아주 중요하다. 이것은 태양풍 중의 각종 방사선이 직접 지구 표면에 쪼이는 것을 방지해 지구에서 사는 생명체를 보호하고, 어떤 생물은 지구자기장의 방향에 따라 이동하며 산다. 만약 자기장에 거대한 변화가 생기면 생물들도 크게 영향을 받거나 멸종할 수도 있다.

06 가정용 전기는 어떻게 만들까? _ 전자 유도 현상

우리는 매일 전기를 쓴다. 그만큼 전기는 우리에게 아주 중요하고, 삶의 질을 높여준다. 우리가 쓰는 가정용 전기는 발전소에서 보내는 것이라는 건 알고 있지만, 발전소에서 어떻게 전기를 만들까? 또 이 원리를 처음으로 발견한 사람은 누구일까?

전자 유도 현상

외르스테드가 전류의 자기효과를 발견한 후 영국 물리학자 마이클 패러데이Michael Faraday는 '전류가 자기장을 생성할 수 있으면 자기장도 전류를 생성할 수 있지 않을까'라고 생각했다. 패러데이가 살던 시대에는 전기를 사용할 때 아연, 동과 소금물로 제작한 볼타전지Volta電池, 묽은 황산 용액을 전해질로 만들어 동판을 양극, 아연판을 음극으로 해서 만든 전지를 사용했다. 이런 전지는 제작이 번거롭고 전압이 낮아 사용하기 불편하다. 하지만 자연계에 풍부한 자석으로 전기를 발생시키면 일반 가정에도 쉽게 전기를 쓸 수 있게 된다.

패러데이는 전기를 편하게 쓸 수 있는 삶을 꿈꾸었다. 그는 꿈을 이루고자 수많은 실험을 했다. 그렇게 그는 코일 속에 자석을 넣고 회로에서 전류가 생성되기를 기다렸지만, 첫 번째 실험은 실패로 돌아갔다. 1831년 마침내 패러데이의 실험이 성공했다. 자석을 코일에 꽂거나 뽑을 때만 회로에 전류가 발생한다는 것을 발견한 것이다.

현재 우리가 쓰는 방법으로 패러데이의 실험을 재연해 보자.

코일에 전류계를 연결해 자석을 코일에 삽입하면 전류계가 움직인다. 삽입하는 속도가 빠를수록 전류계 바늘의 회전도 빠르다. 마찬가지로 자석을 코일에서 뽑으면 전류계 바늘이 반대 방향으로 돌아간다. 하지만 자석을 코일에 꽂은 채로 두면 회로에 전류가 생성되지 않는다. 패러데이는 수많은 실패와 실험 끝에 운동과 변화의 과정 중에만 자석이 전류를 생성한다는 것을 깨달았다.

그는 자기가 발견한 것을 정리했다. 그중 도체導體, 열 또는 전기의 전도율이 큰 물체를 이르는 말로, 열에는 금속, 전기에는 금속이나 전해 용액 등이 있음가 자속선磁束線, 자기력선속을 가시적으로 설정한 선으로, 이 선 상의 임의의 점에서의 접선 방향은 그 점에서의 자기력선속 밀도 방향을 나타냄을 끊을 때 전자기 유도가 생성되는 것은 현대 발전기에 응용하고 있다.

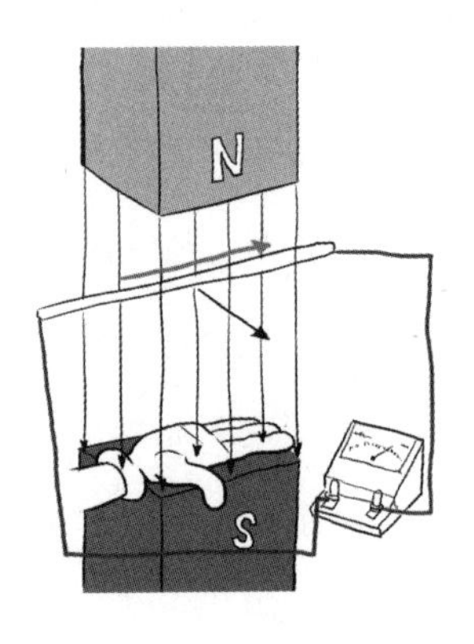

예를 들어 하나의 도선에 전류계를 연결하고 도선을 오른쪽으로 운동시키면, 이 도선이 칼처럼 자속선을 절단해 회로 중에 전류가 흐르게 된다. 전류의 방향은 오른손 법칙으로 판단할 수 있다. 그래서 자속선이 오른손바닥을 통과하면 엄지손가락은 도선의 운동 방향을 가리키고 네 손가락은 전류의 방향을 가리키게 된다. 이 원리에 따라 패러데이는 초기의 발전기를 제작할 수 있었다.

오늘날 전기는 이미 우리 생활에 없어서는 안 될 부분이 되었

고, 패러데이의 말대로 전기를 쓸 때마다 돈을 내고 있다.

직류와 교류

발전기를 발명한 후 각종 전기기구가 우후죽순처럼 출현했고, 인류는 전기 시대로 들어서게 되었다. 초기의 발전기는 모두 직류直流로 만들었다.

직류란 전류의 방향에 변화가 없는 전류를 말하고, 오늘날 우리가 쓰는 가정용 전기는 모두 교류交流이다. 교류란 방향이 주기적으로 변화하는 전류를 말한다.

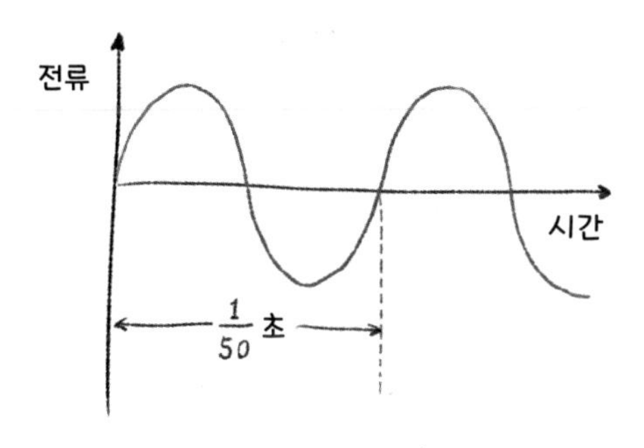

2구 소켓을 보면 전선이 두 개 있는데, 그중 하나는 전하를 띠지 않는 '중성선中性線, 삼상 회로에서 중성점으로부터 나간 도선을 뜻함'이고, 다른

하나는 전류가 흐르는 '활선活線, 전기가 통하고 있는 전선'이다. 전류는 고압에서 저압으로 흐르기 때문에 활선→ 전기기구 → 다시 중성선으로 들어간다. 때로는 중성선 → 전기기구 → 활선 순서로 흘러간다. 주기는 1/50s이며, 50Hz의 교류 전류라고 부른다. 교류의 가장 큰 장점은 전압 변경이 편리해 고압 전송으로 에너지 소모를 줄일 수 있다는 점이다.

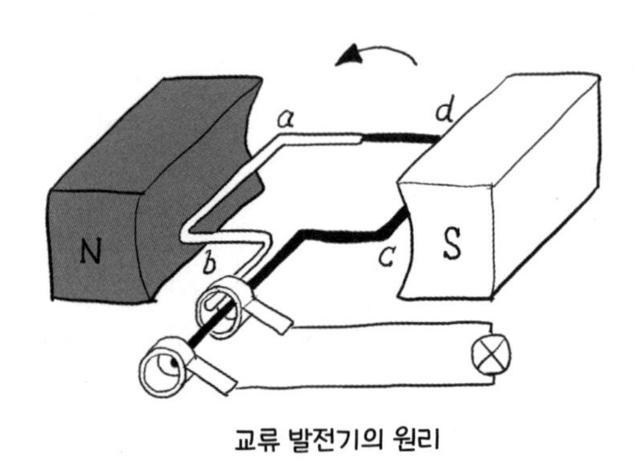

교류 발전기의 원리

교류는 자기장 속에서 코일을 회전시켜 만든다. 예를 들어 위 그림처럼 코일이 회전할 때 오른쪽 도선은 상향운동을 하고 오른손 법칙에 따라 생성된 교류는 c에서 d로 흐른다. 왼쪽 도선은 하향운동을 하고, 생성된 교류는 a에서 b로 흐른다. 그래서 전체 전류는 c-d-a-b 순으로 흐른다. 코일의 끝은 두 개의 브러시를 통해 외부 회로와 연결된다. 이 전류는 브러시를 통해 위에서 아래로 전구에 흘러 들어간다.

주기의 절반이 지나면 코일의 회전 방향이 바뀌면서 *ab*와 *cd*의 운동 방향이 바뀌어 전류 방향이 *b-a-d-c*로 변한다. 이처럼 전류는 위에서 아래로 전구에 흘러 들어가며 교류 전류交流電流, 시간에 따라 크기와 방향이 주기적으로 바뀌어 흐르거나 그런 전류가 형성된다.

코일을 자기장에서 회전시킬 수만 있으면 전류를 만들 수 있다. 현대의 발전기는 코일이 회전하지 않고 자석이 회전하기 때문에 자석을 '로터(회전자)'라고 하고, 코일은 움직이지 않아서 '스테이터(고정자)'라고 한다. 공정상 필요에 따라 발전기 코일은 3조로 이루어지며 각 코일의 각도는 60°를 이룬다.

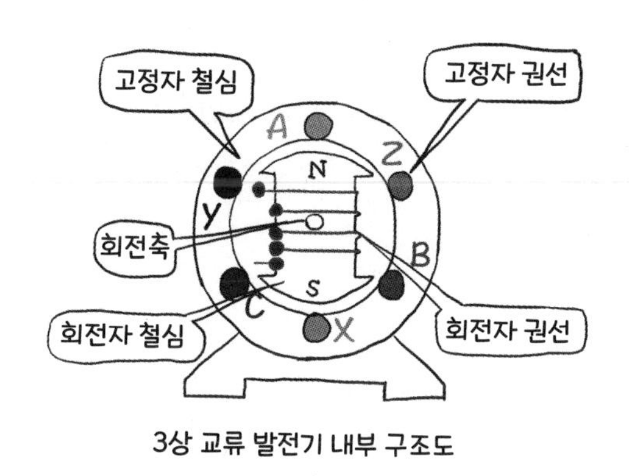

3상 교류 발전기 내부 구조도

이처럼 자석이 코일 속에서 균일한 속도로 회전할 때, 세 코일은 3개의 교류를 생성하고 각 주기는 1/3주기 차이로 발생한다.

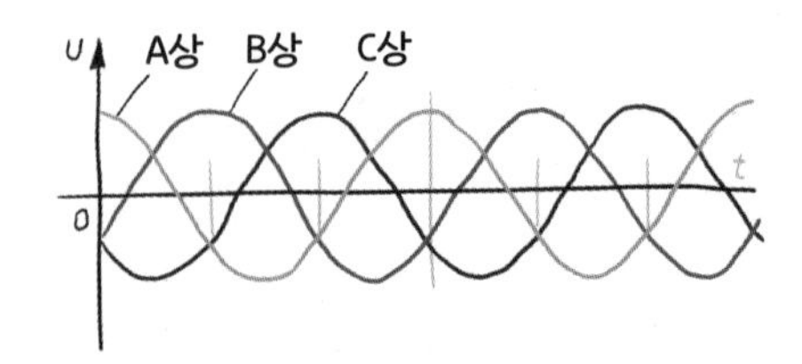

이 세 교류는 공동의 중성선과 서로 다른 활선으로 이루어진다. 전기를 공급할 때 하나의 활선과 중성선을 전기기구에 연결하면 가정용 전기 220V가 되고, 두 개의 활선을 전기 기구에 연결하면 공업용 전기 380V가 된다.

코일이나 자석은 어떻게 회전시킬까? 이것은 발전기의 종류에 따라 결정된다. 발전기는 기타 형식의 에너지를 전기에너지로 바꾸는 기계이다. 수력발전기는 물의 힘이 터빈을 회전시키고, 풍력발전기는 날개가 터빈을 회전시키며, 화력발전기는 물을 연소 가스로 가열해서 생긴 수증기가 터빈을 움직인다.

그 시대의 가장 위대한 과학자

인류를 전기 시대로 이끈 패러데이는 대장장이 집안에서 태어났다. 그는 가정 형편이 좋지 않아 학교를 2년밖에 다닐 수 없었다.

그는 학교를 그만둔 후 제본소 수습생이 되었다. 그는 수많은 책을 접하다 과학의 세계에 깊이 빠져들었다.

패러데이는 서점 단골의 도움으로 영국의 화학자 험프리 데이비Humphrey Davy의 강의를 들을 수 있었다. 그는 데이비의 강연 내용을 필기한 노트를 그에게 보여주었다. 그리고 과학에 헌신하고 싶다는 자기의 소망을 전달했다.

패러데이의 이력을 본 데이비는 "젊은이, 과학은 고생스러운 일이라네. 게다가 그다지 보답도 크지 않지"라고 말했다. 그러자 패러데이는 "저는 과학 자체가 보답이라고 생각합니다"라고 답했다. 패러데이의 대답에 감동한 데이비는 그를 실험실 조수로 고용했다. 그래서 과학을 향한 그의 꿈은 그곳에서 실현할 수 있었다.

패러데이는 젊은 시절에 고생을 많이 했기 때문에 과학자를 양성하는 것을 매우 중요하게 생각했다. 고상한 성품을 지녔던 그는, 작위를 거절하고 왕립연구소 회장 자리도 두 차례나 거절했다. 또 뉴턴이 묻힌 웨스트민스터 사원에 묻힐 자격을 주겠다는 제안도 거절했다. 결국 그는 다른 묘지에 안장되었고 웨스트민스터 사원 뉴턴의 묘비 옆에는 그의 기념비가 세워졌다.

그의 은사 데이비도 저명한 화학자였으나 사람들은 데이비의 가장 큰 공헌은 바로 패러데이를 발견한 것이라고 했다. 후에 패러데이는 물리, 화학 분야에서 놀랄 만한 성과를 이루고, 그 시대 가장 위대한 과학자가 되었다.

07 누가 더 대단할까?
_ 교류 VS 직류

패러데이가 발명한 발전기는 직류 발전기였다. 하지만 요즘 우리가 사용하는 전력은 대부분 교류이다. 직류와 교류 중 어떤 것이 더 편할까?

발명왕 에디슨과 직류 발전기

패러데이가 전자기 유도 현상을 발견한 후, 우리 생활에 도움을 주는 다양한 전기 기구가 등장했다. 인류가 발견한 두 번째 불인 전구는, 어두운 세상에서 사는 사람들에게 빛을 보게 했다.

1878년부터 1880년까지 조수와 함께 전구를 연구한 미국의 발명왕 토머스 앨바 에디슨Thomas Alva Edison은 장시간 불을 밝힐 수 있는 필라멘트 개발에 성공했다. 그는 1881년 파리 박람회에서 27t 무게에 1,200개의 전등을 밝힐 수 있는 발전기를 전시해 세계적으로 유명해졌다. 또 1882년에는 뉴욕 월스트리트 옆에 직류 전력회사를 세워 고객들에게 전기 시설과 전력을 공급해 단기간에 부를 쌓았다. 하지만 직류는 변압할 수 없다는 단점이 있었다.

발전소에서 만든 전기에너지는 전선을 통해 우리에게 공급되고, 우리가 이 전기를 사용할 때 전선 상에서 일부 에너지가 소모된다. 우리가 받는 전력 $P_{사용}$는 발전소에서 보낸 전력 P에서 전선에서 소모된 전력 $P_{소모}$를 제한 것과 같다.

발전소에서 보낸 전력 P는 전압 U과 전류 I의 곱과 같고, $P=UI$라고 나타낼 수 있다. 전압이 클수록 전류도 크고 전송되는 전력도 커진다. 전선에서 소모되는 전력은 전류 제곱과 전기저항 R의 곱과 같다. $P_R=I^2R$ 전류가 클수록 전선의 전기저항도 크고 소모되는 전력도 크다. 우리가 받는 전력은 둘 사이의 차이다.

$P_{사용}=UI-I^2R$

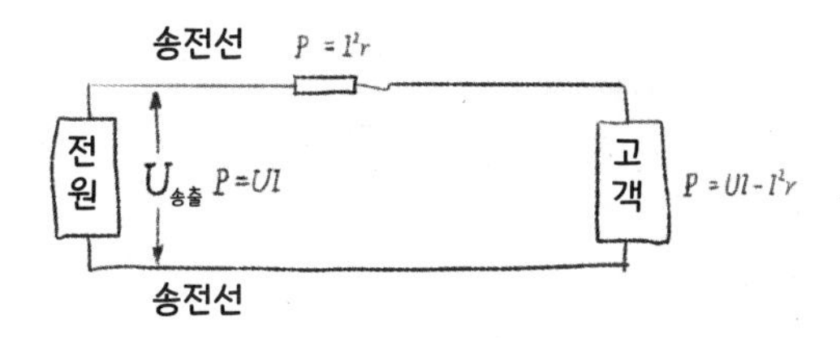

어떻게 하면 전선에서 생기는 전력 소모를 줄일 수 있을까를 고민한 사람들은 우선 전기저항 R을 줄이는 방법에 대해 생각했다.

일반적으로 동은 다른 것에 비해 전기 저항이 적은 편이어서 전선은 동으로 제작한다. 또 전선 길이를 줄이고 면적을 증가하는 것도 저항을 줄이는 방법이 된다. 하지만 이렇게 해도 전기를 쓰는 사람이 많거나 전류의 양이 많을 때는 여전히 전력 소모가 컸다. 이렇게 전기에너지를 낭비한다는 것도 문제였지만, 무엇보다도 전선이 가열되어 불이 날 수 있다는 것이 문제였다.

전선의 에너지 소모를 낮추려면 전류 I를 줄여야 하고, 전력 P가 일정한 상황에서 전류를 줄이려면 반드시 전압 U를 높여야 한다. 예를 들어 송전이 일정하게 100W일 때 전압이 100V이면 회로 중의 전류는 1A이다. 회로의 전압이 1000V이면 전류는 0.1A이다. 전류가 10배 감소하면 소모 전력은 원래의 1/100이 된다. 그러니 발전소에서 보내는 전압이 너무 높아서는 안 된다. 만약 전압이 높으면 전구는 고압을 견디지 못하고 터져버리기 때문이다. 이 문제에 대해 에디슨은 1마일마다 발전소를 하나씩 지으면 전선의 전기저항이 줄어드니 해결할 수 있다고 생각했다. 그러나 에디슨의 생각대로 하면 전기료가 늘어날 수 있다는 단점이 있다.

변압기와 고압 송전

현대의 배전망처럼 송전할 때는 고압으로, 전기를 쓰려는 사람(사용자)에게 송전할 때는 저압으로 바꾸는 방법은 없을까?

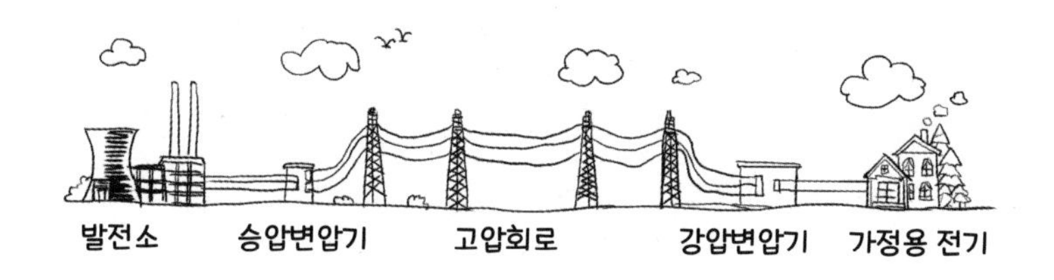

위 그림은 배전망의 기본 원리를 정리한 것이다. 발전소에서 보내는 전압은 승압변압기를 거쳐 고압으로 바꿔 고압전선으로 송전해 사용자에게 보내면, 강압변압기를 통해 전압을 낮춰 송전하게 된다. 이 과정을 이해하려면 변압기에 대해 알고 있어야 한다.

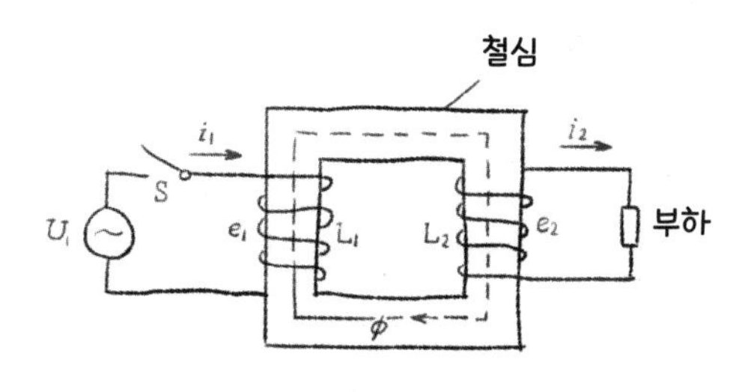

변압기는 전자기 유도에 따라 움직인다. '회回'자 형태의 철심에

서 철심 좌측에 전선 코일이 감겨 있는데 이를 '1차 코일'이라고 부른다. 철심 우측에도 코일이 감겨 있으며 이를 '2차 코일'이라고 부른다. 변화하는 전류(교류)가 1차 코일을 통과할 때 코일 전류에 변화가 생기기 때문에 철심 내부의 자속에도 변화가 생긴다. 이 자속이 2차 코일의 내부를 통과해 2차 코일 내부 자속에도 변화를 준다. 그러면 마치 패러데이 실험 중의 자석을 끼우거나 혹은 뽑아 버리는 것처럼 2차 코일에 전류가 생성된다. 패러데이의 전자기 유도 법칙에 의하면 1차 코일에 감은 수를 N_1, 2차 코일에 감은 수를 N_2라 하고, 1차 코일의 전압을 U_1, 2차 코일의 전압을 U_2라고 할 때 두 전압 간의 관계는 $U_1:U_2=N_1:N_2$가 된다.

두 코일끼리 관계를 조정해 승압과 강압을 실현해도 변압기가 일하려면 반드시 교류를 사용해야만 한다. 항구 불변 전류는 코일을 통과할 때 전류가 변하지 않아 자속이 변하지 않고 코일 중에 전자기 유도 현상이 나타나지 않는다. 그래서 과학자들은 교류로 직류를 대체해야 하지 않을까 생각하게 되었다.

교류의 아버지

세르비아계 출신의 미국 과학자인 니콜라 테슬라Nikola Tesla는 젊을 때부터 교류와 교류 발전기를 구상했지만, 그것을 실현하지 못했다. 그러던 그는 1884년 대서양을 건너 미국 뉴욕으로 날아가 에디슨의 회사에서 일하게 되었다.

어느 날, 테슬라는 에디슨이 만든 원시적인 발전기를 효율적으로 작동할 수 있는 방법을 찾아냈다. 그래서 그는 에디슨에게 발전기를 다시 만드는 것이 좋겠다고 제안했다. 에디슨은 테슬라가 직류 발전기의 개선점을 바로잡으면, 5만 달러의 상금을 주겠다고 약속했다. 그 당시 5만 달러는 뉴욕에 집을 살 수 있을 정도로 큰 금액이었다.

테슬라는 매일 오전 10시부터 다음날 새벽 5시까지 밤낮 가리지 않고 일했다. 그가 임무를 완성하고 에디슨에게 약속했던 상금을 요구하자, 에디슨은 크게 소리 내어 웃으며 "테슬라, 당신은 미국식 유머를 모르는 것 같군"이라고 말했다. 이 일을 계기로 테슬라는 에디슨의 회사를 그만두었다.

그러다 테슬라는 투자자의 도움을 받아 회사를 세워 교류를 이용한 발전, 변압과 각종 다양한 전기 설비를 만들었다. 발명가이자 사업가인 조지 웨스팅하우스George Westinghouse는 테슬라의 재능을 알아보고 그의 특허권을 사들였다. 또한 판권에 대해 1kW(킬로와트)마다 3.5달러를 지불하기로 했다.

만일 테슬라가 이 판권을 오늘날까지 유지했다면, 누적 판권 비용은 아마도 천문학적인 숫자가 되었을 것이다. 현재 전 세계 많은 나라에서 교류를 사용하고 있으며, 2017년 전 세계 발전량은 약 24조 kW다.

전류 대전

1890년에 처음으로 뉴욕 감옥에서 전기의자 실험이 벌어졌다. 하지만 실험 경험 부족으로 인해 사형수는 극심한 고통에 몸을 떨다 전압을 높인 후에야 간신히 형을 끝낼 수 있었다.

교류와 직류 전쟁은 1893년 시카고 만국 박람회에서 절정에 이르렀다. 시카고 만국 박람회는 처음으로 전구 조명을 사용한 박람회였다. 에디슨의 첫 번째 목표는 이 일을 따내는 것이었다. 에디슨이 정부에 제시한 가격은 약 100만 달러였다. 하지만 테슬라는 그 절반을 제시했고, 결국 역사의 새로운 장을 여는 기회는 테슬라가 획득하게 되었다.

1893년 5월 1일, 미국 시카고 만국 박람회장에는 무려 10만 명이나 모였다. 밤이 되자 스티븐 그로버 클리블랜드Stephen Grover Cleveland 대통령은 스위치를 눌렀다. 그러자 만국 박람회장의 수만 개의 전등이 테슬라의 교류 전류를 타고 전구에 불이 켜졌다. 사람들은 지금까지 이런 광경을 본 적이 없었다.

테슬라는 교류에 대한 사람들의 공포를 없애기 위해 만국 박람회에서 실험을 선보였다. 그는 정장을 입고 나무로 만든 신을 신은 뒤 두 손에 회로를 연결한 후 자기 몸을 도선 삼아 교류를 통과시켰다. 그러자 온몸에서 불꽃이 튀었다. 만국 박람회는 사람들에게 깊은 인상을 남겼고, 테슬라는 화제의 인물이 되었다.

테슬라의 어릴 적 꿈은 나이아가라 폭포의 솟구치는 물로 전기 에너지를 만드는 것이었고, 이제 그의 꿈이 실현될 때가 되었다.

1896년 테슬라의 주도로 나이아가라에 수력발전소가 지어졌다. 나이아가라 폭포의 강력한 물이 거대한 발전기를 움직여 4000kW의 전기에너지를 만들어냈다. 이 발전소에서 만드는 전기 에너지는 변압기를 통해 22000V까지 승압할 수 있었으며, 고압전선으로 360마일 밖의 뉴욕까지 송전할 수 있었다. 이 전기는 강압변압기로 감압한 후 교류전동기, 전구와 전차 등 전기시설에 제공되었다. 그 덕에 가정에서도 편히 전기를 쓸 수 있게 되었다.

시간이 흐른 뒤, 그는 벼락 맞는 것에 중독되어 전기 실험실에서 책을 읽곤 했다. 번개 맞는 광경은 남들에게는 두려운 것이었지만, 테슬라에게 전기는 애완동물처럼 온순한 대상이었다.

저평가된 천재 과학자

과학계에는 저평가된 두 명의 천재가 있다고 한다. 한 명은 레오나르도 다빈치이고, 다른 한 명이 바로 니콜라 테슬라이다.

테슬라는 테슬라코일을 발명해 교류 전기의 응용을 촉진하고 교류전동기를 발명했다. 그는 탁월한 과학자이자 엔지니어였지만, 성공한 사업가는 아니었다. 자기가 발명한 교류에서 별다른 이익을 얻지 못했기 때문이다. 게다가 무선 송전기술 연구에 심취한 나머지 기업가들에게 버림받았다.

테슬라는 말년에 쓸쓸하게 뉴욕 호텔을 전전하며 살았고, 자동차 사고를 당했어도 치료비가 없어 웨스팅하우스 회사의 도움을 받을 정도로 궁핍하게 살았다.

제2차 세계대전 당시 미국 정부는 테슬라에게 두 가지 제안을 했다. 폭풍과 군사 목적용 레이더였다. 1943년 1월 8일 대통령이 백악관으로 그를 불렀다. 그러나 테슬라는 전날 밤에 호텔에서 숨을 거두었다. 뉴욕 시장이 그의 부고를 발표했다.

"어젯밤 87세의 노인이 세상을 떴습니다. 그는 가난하게 살다 세상을 떠났지만, 그는 이 세상에 가장 큰 공헌을 한 사람이었습니다. 이 세상에서 그가 했던 수많은 발명품을 없앤다면 공장은 생산을 멈추고 전차는 운행할 수 없으며 우리의 도시는 어둠에 빠질 것입니다. 테슬라는 죽지 않았습니다. 그의 생명이 이미 우리 시대에 녹아들었기 때문입니다."

테슬라는 두 번이나 노벨상 수상 기회를 놓쳤다. 첫 번째는 무선전기를 발명한 덕에 노벨상 후보에 올랐다. 그는 최초로 무선전기통신을 선보여 특허를 취득했다. 그러나 미국 특허청은 그가 신청한 특허를 취소하고 이탈리아의 물리학자이자 발명가인 굴리엘모 마르케세 마르코니Guglielmo Marchese Marconi에게 주었으며, 마르코

니는 1909년 노벨상을 받았다.

1915년 〈뉴욕 타임스〉 1면에 스웨덴 정부가 올해의 노벨 물리학상은 토머스 에디슨과 니콜라 테슬라에게 수여하기로 했다는 기사를 실었다. 하지만 노벨상은 영국 물리학자인 윌리엄 로런스 브래그William Lawrence Bragg에게 돌아갔다. 뒷이야기에 따르면 테슬라가 에디슨과의 공동 수상을 거절했다는 말이 전해지지만, 아직 정확하게 밝혀진 것이 없다.

08 SOS는 어떤 의미일까?
_ 전보의 원리

전쟁 영화에서 전보 치는 장면은 단골 소재 중 하나이다. 굳이 전쟁 영화가 아니더라도 사람들은 전보 치는 장면만 봐도 구조 신호를 보낸다는 것으로 알고 있다. 전보를 발명한 사람은 누구일까? 우리는 왜 SOS를 구조 신호로 정했을까?

맥스웰: 전자파를 예언하다

앞에서 우리는 자기장이 변할 때 전류가 흐르는 전자기 유도 현상을 패러데이가 발견했다고 배웠다. 하지만 패러데이는 자기장이 왜 전기를 만드는지에 대해 밝히지 못했다. 패러데이는 늘 이

미지로 물리 규칙을 표현하는 것은 좋아했지만, 수학적 언어로 자기의 위대한 발견을 풀이하는 것은 어려워했다. 이때 제임스 클러크 맥스웰James Clerk Maxwell이 등장했다.

그는 영국 케임브리지대학교를 졸업하던 해에 패러데이의 논문을 읽고 깊이 빠져들었다. 이때 그는 패러데이보다 무려 40살이나 젊었다. 그는 패러데이의 논문 중 수학적인 부분을 보충하기로 결심했다. 1년 뒤 그는 전자학에 관련된 첫 번째 논문을 발표하고 패러데이와 깊이 있는 토론을 벌이기도 했다.

패러데이는 맥스웰에게 "내 관점을 수학적으로만 해석하려 하지 말고 더 창의적으로 생각해 보게"라고 말했다. 과학계의 선배이자 거장의 격려를 받은 맥스웰은 마침내 맥스웰 방정식을 성공적으로 만들어냈고, 뉴턴과 아인슈타인 사이의 가장 위대한 물리학자가 되었다.

맥스웰은 전하의 운동 때문에 전류가 형성되고 전기장만이 전하를 구동시킨다고 생각했다. 그래서 변화하는 자기장은 직접 전류를 생성하지 않고 주위 공간에 전기장을 생성한다고 믿었다. 맥스웰의 주장에 따르면, 전기장 부근에 도체가 존재하면 전류가 형성되는 것이다.

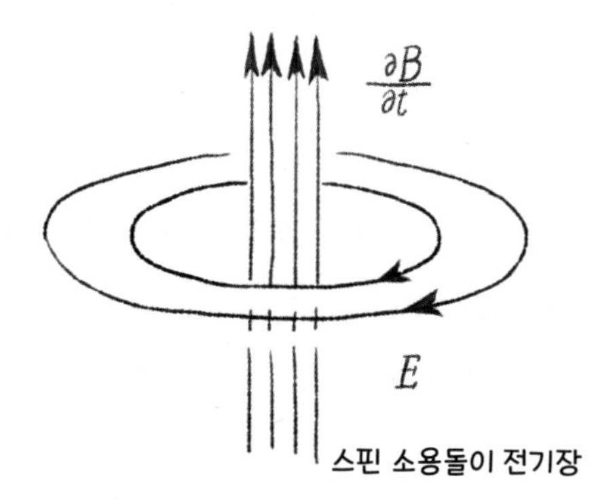

맥스웰은 더 나아가 전기와 자기가 긴밀하게 연관되고, 변화하는 자기장이 전기장을 생성하면 변화하는 전기장도 자기장을 생성할 수 있다고 생각했다. 예를 들어 우리가 교류로 두 개의 금속판으로 구성된 축전기를 연결하면 교류의 전압이 반복적으로 변화하기 때문에 축전기 중에 변화하는 전기장이 생긴다.

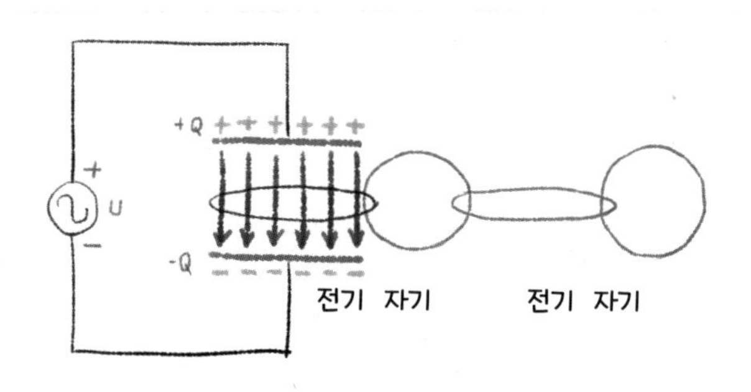

더 신기한 점은, 전기장이 변화해 생성된 자기장이 계속 변화하

면 전기장이 한 층 더 생성될 것이라는 점이다. 이렇게 하면 진동하는 전기장과 자기장은 상호 반응한 뒤 먼 곳으로 전파해 파동 같은 물질을 형성하는데, 이를 전자파電磁波라고 부른다.

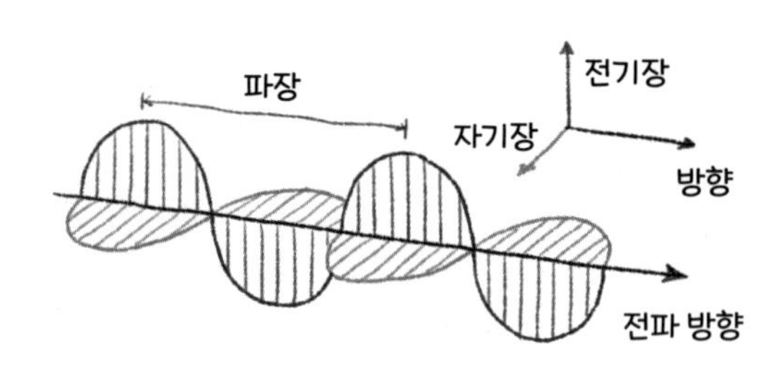

맥스웰이 계산한 전자파의 속도는 공교롭게도 광속과 같았다. 그래서 맥스웰은 '빛은 일종의 전자파'라는 대담한 예언을 했다. 유감스럽게도 그는 자신이 예언한 전자파를 직접 실증하지 못한 채 1879년 케임브리지에서 48세의 나이로 병사했다.

헤르츠: 실험으로 실증한 전자파

이제 과학의 바통은 독일 과학자 하인리히 루돌프 헤르츠Heinrich Rudolf Hertz에게 넘어갔다.

헤르츠는 훔볼트대학교에서 공부할 때 독일의 물리학자인 헤르만 루트비히 페르디난트 폰 헬름홀츠Hermann Ludwig Ferdinand von Helmholtz의 지도로 맥스웰의 전자기 이론을 연구했으며, 실험으로 맥스웰의 관점을 증명해 보이겠다고 결심했다. 1888년 헤르츠는 실험 장비를 설계하고 이 파의 파장, 주파수 등 자세히 연구한 후 이런 파의 속도가 맥스웰의 예언대로 광속과 같음을 알아냈다. 그 후 전자파는 사람들에게 철저하게 실증되었다.

헤르츠가 했던 실험은 맥스웰의 전자기 이론을 실증했을 뿐 아니라 무선전신, TV와 레이더의 발전에 지름길을 마련했다.

무선전신을 이용해 신호를 보낼 때 진공상태에서는 기계파를 전파할 수 없고, 우주에서 소리를 지르면 상대방은 듣지 못한다. 하지만 전자파는 진공에서도 전송할 수 있기 때문에 우주 비행사는 달과 가까운 곳에 있더라도 무선전신無線電信, 1895년에 이탈리아의 마르코니가 발명한 것으로, 전선을 사용하지 않고 전자기파를 이용해 전신電信을 주고받는 통신 방식으로 통신해야 한다.

무선전신의 전파 속도는 광속이기 때문에 짧은 시간에 전 세계에 전할 수 있다. 게다가 무선전신 신호는 기계 신호보다 더 쉽게 확장되어 정보를 빨리 처리할 수 있다. 그래서 사람들은 전자파를 발견한 날부터 이것을 어떻게 무선전신으로 통신할지 연구했다.

무선전보를 발명하다

전자파가 발견되기 전에 사람들은 유선전보를 사용하고 있었다. 하지만 이런 방식은 전선을 깔고 보호해야 하는 등 여러 가지 문제가 있었다. 그래서 많은 과학자와 상인은 무선전보無線電報, 무선으로 전자기파를 통해 주고받는 전보로 라디오그램, 라디오텔레그램 등이 있음에 대해 많은 관심을 가졌다.

무선전보 발명에 공헌한 과학자는 니콜라 테슬라, 굴리엘모 마르케세 마르코니, 러시아의 과학자 알렉산드르 스테파노비치 포포프Aleksandr Stepanovich Popov로, 총 세 명이다.

1893년 니콜라 테슬라는 미국 미주리주 세인트루이스에서 처음으로 무선전신 통신을 선보인 후, 1897년 미국에서 무선전신기술 특허를 취득했다. 하지만 미국 특허청은 1904년 이 특허권을 철회했다. 이는 테슬라가 꿈에 그리던 무선 전송이 인류를 행복하게 해줄 신기술이라는 데 심취한 나머지 자본가들이 무선전보를 절실하게 필요로 한다는 점을 소홀히 했기 때문이라는 얘기가 전해진다. 여기서 자본가들이란 아마도 토머스 앨바 에디슨, 앤드루 카네기Andrew Carnegie와 존 피어폰트 모건John Pierpont Morgan 등일 것이다. 그들은 승리의 월계관을 새로운 과학자인 이탈리아의 마르코니에게 씌워 주었다.

1901년 12월 잉글랜드 콘월의 폴두에서 시작해 대서양을 건너 뉴펀들랜드 세인트존스에서 전달된 신호를 수신하는 데 성공했다.

무선전신은 1909년 처음으로 그 성능을 선보였다. 증기선이 충돌해서 바다에 가라앉았지만, 무선전신 덕에 많은 선원이 구조된 것이다. 같은 해 마르코니는 노벨상을 받아 '무선전신의 아버지'라 불리며 전 세계에 이름을 알렸다.

거의 같은 시기에 러시아의 과학자 포포프도 무선전신 장치인 라디오를 발명했다. 그는 라디오에 안테나를 설치했는데, 이것이 인류 최초의 안테나이다.

1896년 포포프는 러시아 물리학협회 모임에서 정식으로 무선전신으로 정보를 보냈다. 그가 보낸 내용은 '하인리히 헤르츠'로, 헤르츠에 대한 존중을 표시한 것이다.

미국은 1904년에 테슬라의 특허를 취소하고 마르코니에게 주었지만, 수십 년 뒤인 1943년 미국 최고법원은 다시 마르코니의 특허를 취소하고 테슬라가 무선전신의 발명자라고 판결 내렸다.

이들 중 누가 가장 먼저 무선전신을 발명했는지는 나라마다 주장이 다르다. 같은 나라에서 여러 가지 의견이 있기도 하다. 어쨌든 이들 모두 위대한 과학자로, 많은 사람이 편해진 것은 사실이다.

모스부호

무선전보의 기본 원리는 매우 간단하다. 송신기를 전원에 연결해서 전자기 펄스를 생성해 전자파로 전송한 후 수신기로 탐측하면 된다. 최초의 무선전신 신호는 모두 모스부호 형식으로 전송되었다. 알파벳과 숫자를 모두 점과 선이라는 두 가지 형태로 부호화해서 간단하면서도 쉽게 전송할 수 있기 때문이다. 전쟁 영화에서 자주 볼 수 있는 '뚜뚜뚜-' 소리를 내며 스위치를 누르는 것이 바로 모스부호를 이용해 전보를 보내는 것이다.

우리가 잘 아는 구조 신호 SOS는 모스부호에서 간단한 3개의 점, 3개의 선, 다시 3개의 점으로 표현되기에 국제무선전신조약에 의해 국제적으로 통용되는 구조 신호로 규정되었다.

송신원은 정보를 모스부호로 바꾼 뒤 헤르츠 실험 같은 송신장치로 규칙에 따라 길고 짧은 무선전신 신호를 보낸다. 접수원은 같은 장치를 신호를 접수해 다시 신호를 문자로 바꾼다. 지금 생각해 보면 비효율적인 방식이지만, 지금으로부터 100년 전에는 가장 선진적인 통신 방식이었다. 또 그때는 전보를 보낼 때마다 전보국에서 줄을 섰으며, 글자 수에 따라 비용을 지불했기 때문에 전보를 보내는 내용이 간단할수록 비용이 적게 들었다. 그러다 21세기에 들어선 후 전화와 인터넷 등 통신 방식의 보급으로 전보는 점차 사라지게 되었다.

FM과 AM은 무슨 뜻일까?
_ 방송 신호의 발사, 전파와 수신

라디오 방송의 FM 채널 주파수와 AM 채널 주파수에서 FM과 AM은 무슨 의미일까?

우리는 앞에서 무선전신을 이용해 신호를 보내고, 이 원리에 따라 전보를 만들었다고 배웠다. 하지만 전보가 전파하는 것은 모스 부호이다.

무선전신은 주파수가 커야만 효과적으로 송신할 수 있다. 방송 주파수는 대부분 수백억에서 수백조 헤르츠이다. 하지만 우리가 말하는 소리의 주파수는 훨씬 낮아서 겨우 수백 헤르츠에 불과하다. 어떻게 우리가 하는 말을 안테나 전신호로 바꿀 수 있을까?

신호 변조

택배를 보내려면 일단 상자에 물건을 담아야 하듯 저주파 신호는 우리가 전송해야 하는 물건과 같고, 고주파 신호는 운반체를 담는 상자와 같다. 우리는 저주파 신호에 따라 고주파 신호를 변화시켜야 한다. 이것은 화물을 트럭에 싣는 것과 마찬가지이다. 우리는 이 과정을 '변조變調, 반송 전류의 주파수를 일정하게 하고 소리 따위의 신호 파동을 통해 진폭을 바꾸는 일'라고 한다. 저주파 신호에 따라 고주파 신호의 주파수를 변화시키는 과정을 '주파수 변조' 또는 FM이라고 한다.

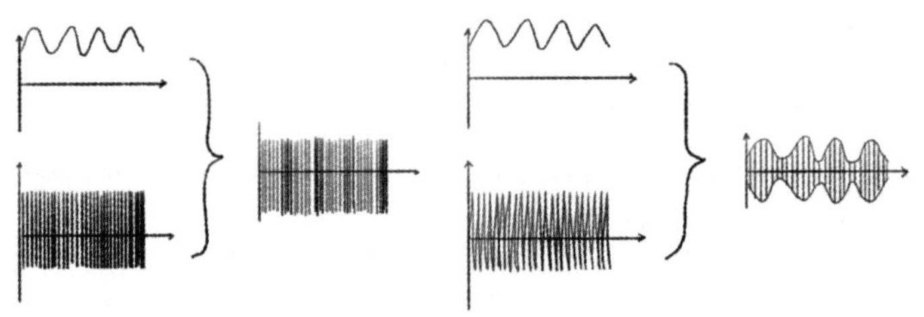

저주파 신호를 따라 고주파 신호의 진폭이 변하면, 이 과정은 '진폭 변조' 혹은 AM이 된다.

무선전파의 발사

변조한 신호는 발사할 수 있는데, 하나의 축전기와 하나의 인덕터로 구성된 회로를 *LC* 회로라고 부른다. *LC* 회로에서 진동을 만들어낸 전자기장이 외부로 전자파를 발사한다.

과학자들은 회로의 축전기가 작을수록 발사된 무선전신 주파수가 높다는 것을 발견했다. 그래서 고주파 신호를 발사하기 위해 축전기의 두 전극판 면적을 작게 만들었다. 동시에 전자파 발사의 범위를 크게 하기 위해 축전기의 두 전극판 중 하나는 저단에 방치하고, 하나는 최상단에 방치했다. 이것이 안테나의 구조이다.

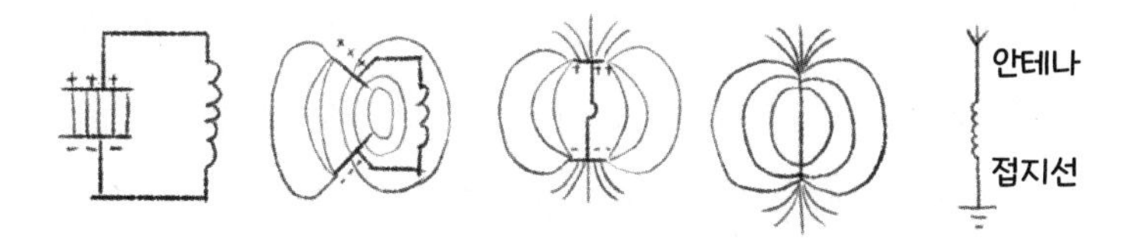

변조한 전류 신호는 전자기 유도를 통해 안테나에 연결하고, 안테나는 무선전신을 발사한다.

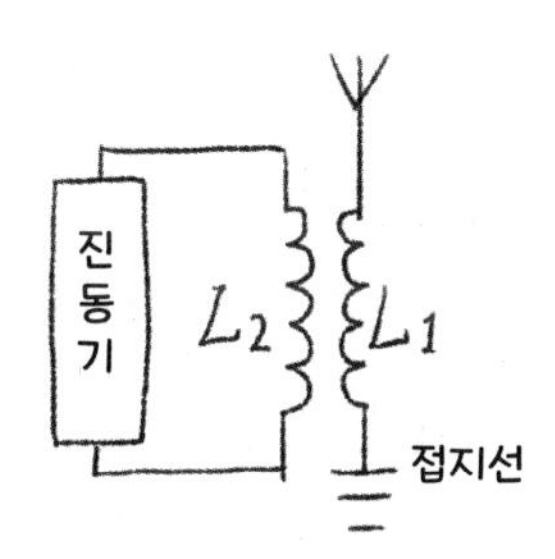

무선전파의 전파

무선전신은 공중에서 어떻게 전파될까?

지구는 둥글기 때문에 무선전신이 직선으로 전파하면 넓은 범위로 확산하기 어렵다. 그럼 무선전신을 더 멀리 전송할 방법은 없을까?

여기에는 세 가지 방법이 있다.

① 파장이 긴 무선전신을 장파長波라고 하는데, 장파는 장애물을 돌아가기 쉽다. 이런 현상을 회절回折이라고 한다. 장파는 주로 표면파表面波로 전파된다. 표면파란 무선전신이 지면을 따라 운동하는 것으로, 스스로 회절하고 굽어져 수신기에 도달한다. 이런 무선전신은 보통 원거리 무선 통신에 사용된다.

② 파장이 짧은 무선전신을 중파中波라고 한다. 중파는 회절 능력이 떨어져 표면파로 전파할 수 없다. 하지만 중파는 대기 중에 존재하는 전리층電離層, 전리권 안에서 이온 밀도가 비교적 큰 부분을 가리키며, 지면 위로 약 80km 고도에서 가장 뚜렷하게 나타남이라는 특수한 층에 반사된다. 그래서 지면과 전리층 사이를 반복하며 무선전신을 전송할 수 있다. 이런 방식을 공간파空間波라고 한다(최초로 전리층을 이용해 공간파 전송을 제시한 사람은 테슬라이다. 전보와 방송은 일반적으로 공간파로 전송한다).

③ 중파보다 파장이 짧은 무선전신을 단파短波와 극초단파極超短波

라고 한다. 극초단파는 파장이 짧고 회절이 어려워 표면파로 전송할 수 없다. 또한 전리층을 쉽게 통과해서 공간파로 전송할 수도 없다. 단파와 극초단파의 전송 방식은 보통 직선 전파로 높은 송전탑의 중계기로 신호를 접수해서 증폭한 후 계속 전송한다.

무선 전자파의 접수

안테나는 도체이다. 무선전신 신호가 도체를 만나면 도체에서는 일정한 규칙의 약한 유도 전류를 보낸다. 안테나를 접수하는 *LC* 회로는 고유의 주파수가 존재해 *LC* 회로의 주파수와 무선전신 주파수가 같을 때 공진共振, 진동하는 계의 진폭이 급격하게 늘어나는 현상이 일어난다. 이때 안테나 상의 유도전류가 가장 커진다.

예를 들어 FM 91.9 방송을 듣고 싶으면 장치 고유 주파수를 91.9MHz로 조정하면 된다. 이때 회로에서 방송이 유발하는 유도전류가 가장 크게 받아지고, 다른 방송국에서 보내는 신호는 회로 중에 유도 전류가 있어도 공진이 없어 전류가 아주 작다.

수신기 고유 주파수를 조정하는 것은 사실 라디오 축전기 용량을 조정하는 것으로, 우리가 흔히 말하는 채널 조정과 같은 뜻이다.

신호 복조

내가 즐겨듣는 라디오 프로그램 채널을 틀어서 직접 스피커에 전류를 통하게 하면 좋겠지만, 실제로 이럴 수는 없다. 왜냐하면 우리가 접수한 신호는 변조를 거친 고주파 신호이기 때문에 도착한 택배 상자를 풀어야 하기 때문이다. 저주파 신호를 고주파 신호 속에서 꺼내는 과정을 복조復調, 변조된 반송파 중에서 본디의 신호를 가려내는 것으로, 변조 방법에 따라 방법이 다양함라고 한다.

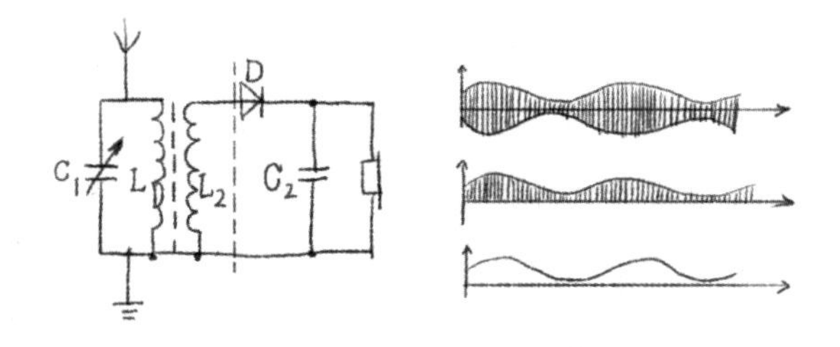

자, 내가 주문한 택배가 제대로 왔는지 확인하려면 어떻게 해야 할까? 일단 박스부터 열어봐야 한다.

평소 즐겨듣는 라디오 프로그램 채널을 직접 전류를 스피커에 통하게 하려면, 일단 변조와 상반된 방법으로 고주파 신호를 여과시켜 저주파 신호를 남긴다. 그리고 다시 이 신호를 확대해 스피커에 쏟아 넣는다. 스피커의 코일이 전류의 힘으로 자석을 전후로 진동시켜 소리를 내는 진동판을 움직이면 방송에서 보내는 노래를 들을 수 있다.

종합해 보자면, 방송 과정은 신호를 고주파 신호로 변조한 후 안테나에서 각종 방식을 거쳐 수신기로 발사하면, 수신기에서 동조로 신호를 접수하고 그 신호를 복조해 원래의 신호를 전달하는 것이다.

전자파 발사와 수신 과정 그림

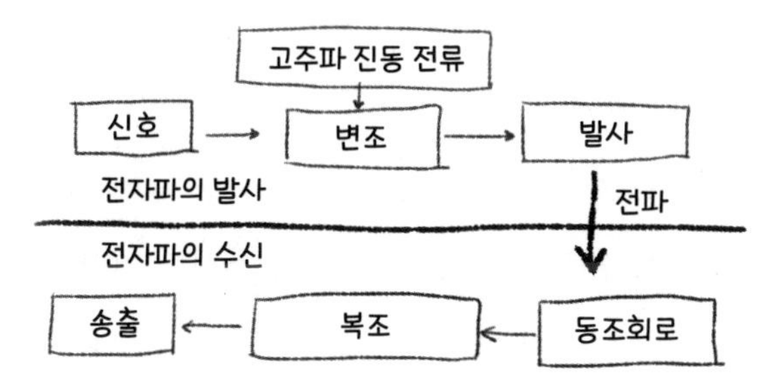

TV, 핸드폰 등 무선전신 장치의 원리는 같은 점과 다른 점이 있다. 방송 신호는 보통 연속으로 변화할 수 있다. 이런 신호를 아날로그 신호라고 한다.

핸드폰 신호는 보통 디지털 신호를 많이 쓴다. 디지털 신호란 0과 1 두 개의 상태만 있는 컴퓨터의 원리와 같고, 이것은 편리하게 신호를 처리하고 계산할 수 있다는 장점이 있다.

10

엑스레이로 찍은 첫 번째 사진
_ 전자기파의 종류, 생산과 응용

빛은 전자파이다. 통신용으로 쓰는 무선전신도 전자파이고, 병원에서 쓰는 엑스레이나 질병을 치료하는 감마선도 전자파다. 모든 전자파의 본질은 전기장과 자기장의 상호 작용이다. 전자파마다 특징이나 작용이 다른 이유는 뭘까? 이 전자파들은 어떻게 생성됐을까?

전자파와 기계파를 포함한 모든 파동은 파장 λ, 주기 f, 파속 v이라는 3가지 매개 변수가 있다. 이 셋의 관계는 파속=파장×주기, 즉 $v=\lambda f$으로 정리할 수 있다. 진공상태에서 전자파의 전파속도 v는 광속 c와 같은 30만 km/s이다. 파장 λ이 클수록 주기 f가 작아지며 파장과 주기에 따른 전자파 배열은 다음과 같다.

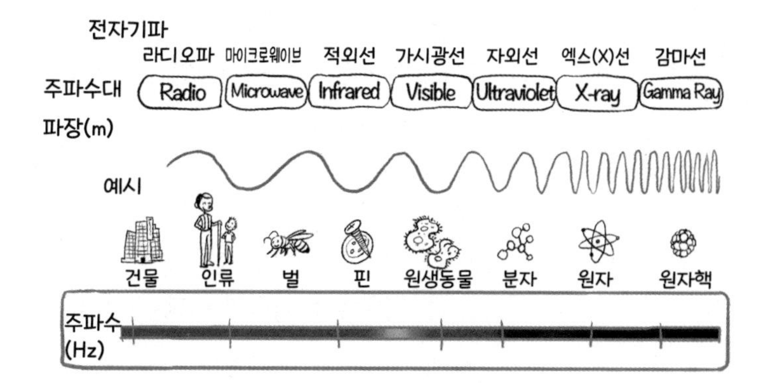

전자기파는 생성 방식과 특징에 따라 무선파, 광파, 엑스선, 감마선으로 나눌 수 있다.

무선파

무선파는 파장이 가장 길면서 주파수가 가장 낮은 전자파이다. 파장은 1mm보다 길고 주파수는 300GHz보다 낮다. 핸드폰, TV, 방송 등이 모두 무선파를 사용해 통신하고, 무선파를 쏘려면 주기적으로 변화하는 전류가 필요하다. 앞서 말한 *LC* 회로가 바로 그것이다.

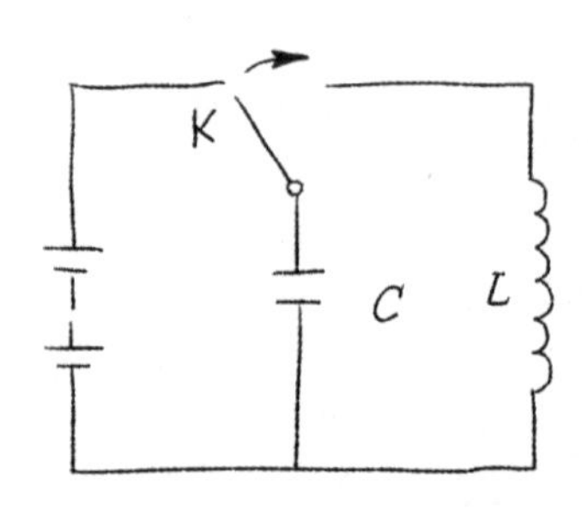

하나의 회로에 하나의 축전기 C와 인덕터 L이 직렬연결 되어 축전기와 인덕터의 작용으로 회로 중 주기적인 전류가 생성되고, 축전기에 충전과 방전이 반복된다. 전기역학에 의하면 이때 전자기장이 변화되고 전자파가 형성된다. 라디오와 핸드폰에 사용되는 장치가 같아 신호에 따라 변조만 하면 된다.

무선파는 통신 장치의 요구사항에 따라 달라진다. 예를 들어 핸드폰 신호로 사용되는 무선파는 파장이 짧아 마이크로웨이브microwave라고 부른다.

방송 신호는 단파나 중파를 사용한다. 신호를 쏠 때 안테나의 길이는 전자파의 파장과 비슷해야 한다. 그래서 핸드폰 안테나가 짧은 편이고, 디자인이나 기능에 따라 핸드폰 안에 안테나를 숨기기도 한다. 라디오의 안테나는 길이가 긴 편이라 라디오 외부에 설치한다. 예전에는 핸드폰은 라디오 기능이 있어도 이어폰을 껴야지만 쓸 수 있었다. 왜냐하면 당시에는 이어폰이 라디오 안테나 역할을 했기 때문이다.

빛

파장이 무선파보다 짧은 전자파를 '빛'이라고 하는데, 빛은 자외선, 가시광선, 적외선 3개의 주파수대로 나눌 수 있다. 적외선, 가시광선, 자외선 모두 빛이라고 할 수 있다. 이 파장의 주파수 범위 내에서 *LC* 회로는 이미 무력해져서 오직 최외각전자의 전이로만 생성할 수 있다. 예를 들어 우리가 자주 보는 형광등의 발광관은 수은 원자가 전자의 충격을 받아 여기 상태에서 기저 상태로 돌아갈 때 자외선을 발산한다. 자외선이 다시 형광물질 분말에 닿으면 형광 분말은 가시광선을 발산시킬 수 있다.

자외선은 독일의 물리학자이자 화학자인 요한 빌헬름 리터Johann Wilhelm Ritter가 발견했다. 1801년 태양의 스펙트럼을 연구하던 리터는 태양광이 7가지 색으로 나뉘는 것을 알게 된 후 우리 눈에 보이지 않는 빛이 존재하지는 않을까 하고 궁금해했다. 자외선 파장은 5~370nm 사이로 비교적 파장이 짧기 때문에 육안으로는 보이지 않는다.

당시에는 이미 염화은에 가열하거나 빛을 쏘면 은이 추출되고, 추출된 은은 입자가 작아서 검은색으로 보인다는 것을 알고 있었다. 마침 염화은 용액을 가지고 있던 리터는 종잇조각에 염화은 용액을 묻혀서 프리즘을 통과한 태양광의 일곱 빛깔 중 보라색의 바깥쪽에 두었다. 시간이 지나자 종잇조각에서 염화은 용액을 묻

흰 부분이 검게 변했다. 이는 태양광이 프리즘을 거쳐 분산된 후 보라색(자색)의 바깥쪽에 보이지 않는 광선이 존재한다는 것을 의미했다. 리터는 이 광선을 '자외선(UV)'이라고 불렀다.

자외선은 생명에 큰 영향을 미친다. 자외선에는 살균 작용을 하는 기능이 있다. 그래서 병원에선 여러 도구와 장비를 소독할 때 자외선을 쓰기도 한다. 또 자외선은 칼슘 흡수를 촉진시킨다. 태양광 속에 자외선이 있기 때문에 햇볕을 적당히 쬐면 건강에 좋다(광부들은 장기간 햇볕을 받지 못하기 때문에 정기적으로 인공 자외선을 쬐어야 한다).

에너지 준위에 관한 이론은 애초에 덴마크 물리학자인 닐스 헨리크 다비드 보어Niels Henrik David Bohr가 수소 스펙트럼을 해석하기 위해서 제시한 것이었다. 그는 전자가 원자핵의 둘레를 도는 궤도에 존재한다고 생각했으며, 궤도가 다르면 에너지도 다르다고 보았다. 전자가 각 궤도에서 운동할 때는 전자파를 발산하지 않고 오직 전자가 두 개의 궤도 사이에서 전이될 때만 흡수하거나 전자파를 방사한다.

당시 사람들은 이 이론을 완벽하게 이해할 수 없었다. 전통적인 전동역학의 관점과 달랐기 때문이다. 그러나 오늘날에는 양자역학量子力學을 사용한다.

수소 원자의 에너지 준위와 에너지 준위 전이도:

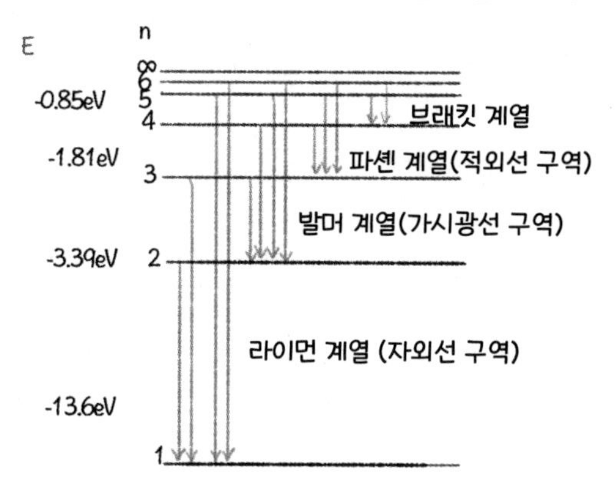

X선

X선은 독일의 물리학자인 빌헬름 콘라트 뢴트겐Wilhelm Konrad Röntgen이 처음 발견했기 때문이 '뢴트겐선'이라고도 부른다. 뢴트겐이 엑스레이로 찍은 첫 번째 사진은 아내의 손이었다.

엑스선의 파장은 빛보다 짧지만, 에너지는 크다. 이것은 원자의 내부 전자가 전이되어 생성되며, 주로 보안 검사와 의료 투시용으로 쓰인다.

감마선

감마선은 파장이 가장 짧지만, 주파수가 가장 높고 에너지가 큰 데다 투과력이 좋다. 그래서 원자핵의 전이로 생성된다. 또 감마선은 원자의 내부 전자처럼 원자핵도 에너지 준위를 가지고 있다. 원자핵이 높은 에너지 준위에서 기저 상태로 돌아오면 전자파가 발산된다. 전자파는 에너지가 매우 크다. 그러나 형성된 전자파 파장은 짧고, 감마선을 형성한다.

감마선은 현재 의료 분야에서 암세포를 죽이는 데 쓰고, 공업적으로는 금속 내부 결함을 검사하는 기구로 쓴다. 그러나 원자폭탄의 엄청난 살상 능력은 감마선에 있다. 사람이 감마선에 대량 피폭되면 살아날 수 없다.

감마선은 유전자 변이를 일으킬 수 있기 때문에 수많은 영화에서 이를 주제로 한 것도 있다. 〈왓치맨Watchman〉, 〈판타스틱Fantastic 4〉, 〈헐크Hulk〉 같은 영화들에서 등장인물은 감마선에 쏘인 뒤 신기한 능력이 생긴다.

정리하면, 파장이 길고 주파수가 작은 전자파는 전하의 가속운동으로 생성된다. 하지만 빛, 엑스선, 감마선처럼 파장이 짧고 주파수가 큰 전자파는 원자 또는 원자핵이 에너지 준위 간의 전이를 할 때 발생하기 때문에 양자역학 규율에 따른다.

11

양자란 무엇일까?
_ 양자역학의 발명

19세기의 마지막 날 유럽의 물리학자들이 한자리에 모여 새로운 세기를 맞이했다. 이날 저명한 과학자 윌리엄 톰슨William Thomson은 물리학 연구가 이미 완성단계까지 갔다고 많은 사람들 앞에서 자랑스럽게 선포했다.

톰슨은 그 당시 이미 뉴턴, 라그랑주, 라플라스 등을 통해 물체 간의 상호 작용과 천체 운동의 규칙을 명확하게 해석했다고 선언했다. 맥스웰의 전자 방정식은 전자와 자기를 완벽하게 하나로 통일했고, 통계열역학은 분자 운동 규칙을 해석했다. 물리학은 이미 정리되어 더 이상 해결해야 할 중대한 이론은 없을 것 같아 앞으로 물리학자들은 물리 상수의 정밀도만 좀 더 올리면 될 정도였다. 하지만 톰슨은 "물리학이라는 맑은 하늘에 사람들을 불안하게 만드는 두 조각의 먹구름이 떠다닌다"라고 했다.

그가 말한 먹구름은 흑체복사黑體輻射, 흑체에서 방출되는 열복사. 온도와 상관관계가 있어 어떤 물체에서 방출되는 복사 에너지나 색을 측정하면 그 온도를 알 수 있음 문제 중 실험 결과와 이론의 불일치이고, 다른 하나는 빛의 매질을 찾기 위한 '마이컬슨-몰리의 실험마이컬슨이 빛은 에테르를 매질로 하여 전파된다는 설을 검증하고자 몰리와 함께 한 실험'의 실패였다. 이 먹구름은 20세기 물리학의 가장 위대한 두 개의 발견인 양자역학과 상대성 이론의 탄생에 밑거름이 되었다. 그리고 인류는 자연을 탐색하는 길이 아직도 멀었다는 것을 깨달았다.

흑체

양자를 이해하려면 먼저 흑체黑體에 대해 알아야 한다. 사람들은 끊임없이 연구를 한 결과, 모든 물체는 전자파를 흡수하고 반사하며 복사한다는 것을 밝혀냈다. 하지만 전자파를 흡수하고 복사하기만 하고 반사는 하지 않는 물체가 있는데, 이를 '흑체'라고 부른다. 예를 들어 태양은 흑체라고 간주할 수 있다. 태양의 복사열은 매우 강해 복사된 전자파의 강도가 반사된 전자파보다 훨씬 크기 때문이다. 흑체복사는 물체의 온도와 관련이 있다.

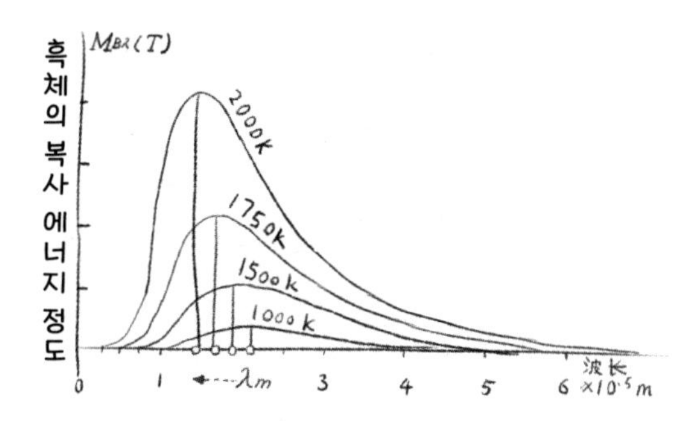

그래프에서 세로 좌표는 단위 면적당 복사 에너지 정도이고, 가로 좌표는 파장이다. 우리는 이 그래프를 통해 두 가지 결론을 내릴 수 있다.

① 물체 온도가 높을수록 복사 강도가 커진다. 흑체의 단위 면적당 복사 에너지는 절대온도의 4제곱에 비례한다. 이를 '슈테판-볼츠만 법칙'이라고 부른다. 이 법칙에 따라 태양 표면의 온도는 약 6,000K라고 계산했다.

② 물체 온도가 높을수록 복사 강도가 큰 파장은 짧아진다. 이를 '빈의 변위 법칙'이라고 한다.

뜨거운 쇳조각은 빛을 발산하고 온도에 따라 색이 달라지는데, 경험이 풍부한 대장장이는 쇳조각의 색만으로 온도를 알 수 있다.

자외선 파탄

위에서 말한 이 두 법칙은 모두 실험법칙이다. 어떻게 하면 이론으로 해석할 수 있을까?

캐번디시 연구소에서 근무하는 존 레일리John Rayleigh는 고전역학에서 출발해 흑체복사 공식인 '레일리-진스 공식'을 만들었다.

$$M_{B\lambda}(T) = \frac{2\pi c}{\lambda^4} kT \quad \text{(레일리-진스 공식)}$$

이 공식은 실험 결과에 부합하지 않았다. 파장이 비교적 클 때만 공식이 실험 결과와 부합했고, 파장이 작을 때는 실험 결과와 편차가 컸다. 그러나 가장 큰 문제는 파장이 0에 근접할 때 레일리 공식은 흑체복사 강도가 무한대로 커지는 황당한 결과가 나온 것이다. 그러나 사람들은 이론과 실험 결과를 조정할 수 없어 이를 '자외선 파탄'이라고 불렀다(자외선은 가시광선보다 파장이 더 짧기 때문에 파장이 짧을 때 실험 결과와 이론이 맞지 않았다).

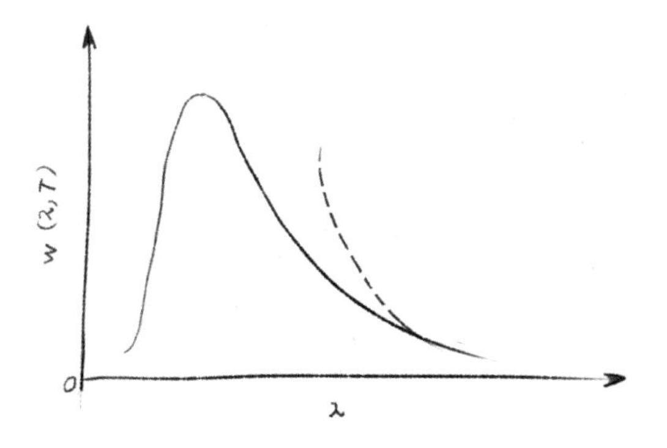

플랑크와 양자

이 문제를 해석하고자 많은 물리학자들이 자신의 견해를 밝혔는데, 그중 독일 과학자 막스 카를 에른스트 루트비히 플랑크Max Karl Ernst Ludwig Planck의 견해가 가장 성공적이었다.

1900년 흑체복사 현상을 해석하기 위해 가설을 세운 플랑크는, 미리 이 가설은 사람들에게 익숙한 물리학 법칙과 다를 것이라고 밝혔다.

파동처럼 움직이는 입자의 에너지를 진동수의 정수배로 나타내는 것을 '에너지 양자'라 부르며, 이를 줄여 '양자'라고 한다.

$$\varepsilon = h\nu \begin{cases} \varepsilon : \text{에너지} \\ h = 6.63 \times 10^{-34}\ Js \ \text{플랑크상수} \\ \nu : \text{주파수} \end{cases}$$

이 가설에 따라 플랑크는 흑체복사에 대한 플랑크 공식을 도출했다.

$$M_{B\lambda}(T) = \frac{2\pi hc^2}{\lambda^5} \cdot \frac{1}{e^{\frac{hc}{k\lambda T}} - 1}$$

이 공식은 실험 결과와 매우 잘 부합되어 흑체복사 문제를 완벽하게 해결할 수 있었다. 하지만 많은 물리학자들은 양자의 개념을 제대로 이해할 수 없었다. 그래서 플랑크는 18년 뒤에야 노벨상을 받을 수 있었다.

양자 개념이 제시된 후 물리학자들은 이 개념을 빌려 많은 성과를 거두었고, 1905년 아인슈타인은 플랑크의 관점으로 광전효과를 해석해 노벨상을 받았다.

오늘날 사람들은 양자역학이 미시 세계의 물리 법칙을 통치하고 거시 세계를 만족시키는 법칙과는 다르다는 것을 안다.

뉴턴의 법칙은 거시적 세계를 통치한다. 원자 속 전자는 미시적 세계이므로 양자역학을 써야 하고, 전자가 빠른 속도로 움직일 때 상대성 이론의 도움이 필요하다.

12 파동일까 입자일까? 그것이 문제로다
_ 파동-입자 이중성

빛은 파동일까 입자일까? 이는 물리학계에서 오랜 시간 벌여온 논쟁이다. 19세기 초 과학자들은 자신들이 이미 빛의 본성을 확실히 이해했다고 여겼다.

뉴턴은 입자설을 주장한 대표 인물이고, 하위헌스는 '빛은 파동'이라고 주장했다. 또 맥스웰, 헤르츠, 토머스 영Thomas Young, 오귀스탱 장 프레넬Augustin Jean Fresnel 등의 노력으로 사람들은 점차 빛이 일종의 전자기파임을 알게 되었다.

아인슈타인: 빛의 입자성

19세기 초 과학자 헤르츠는 구리판에 자외선을 비추면 전자가 튀어나오는 광전효과를 발견했다.

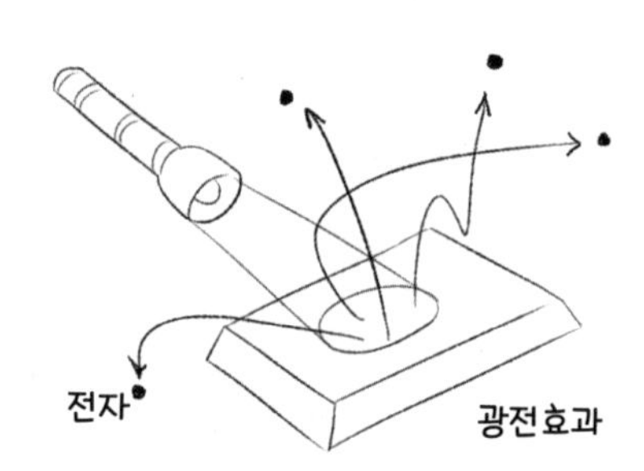

과학자들은 이것을 평범한 현상이라고 여겼다. 빛은 에너지를 가지고 있어 전자와 부딪칠 수 있기 때문이다.

처음에는 과학자들이 빛의 에너지는 강도와 관련 있다고 여겼기 때문에, 강한 빛일수록 더 쉽게 광전효과가 발생한다고 생각했다. 하지만 이 생각은 실험으로 증명할 수 없었다. 광전효과는 빛의 강약과 아무런 관계가 없음이 밝혀졌고, 오히려 빛의 진동수와 관련 있었으며 진동수가 클수록 광전효과가 쉽게 발생했다.

이 문제를 풀기 위해 아인슈타인은 플랑크의 관점을 빌려왔다. 그는 빛의 에너지가 입자로 이루어졌다고 여겨, 이 입자를 '광양자光量子', 줄여서 '광자光子'라고 불렀다. 광양자의 에너지와 진동수의 관계는 플랑크의 공식에 부합했다.

자외선의 광양자 에너지는 가시광선보다 강하고 가시광선의 광양자 에너지는 적외선보다 강해 진동수가 큰 빛만이 전자를 튕겨낸다.

빛의 강도는 광양자의 에너지가 아니라 광양자의 개수에 좌우되었다. 아인슈타인이 광양자설을 제시한 후 사람들은 빛이 파동성波動性을 가질 뿐 아니라 입자성을 가지고 있다는 것을 알게 되어 이를 '파동-입자 이중성'이라고 불렀다. 그는 "어떤 때는 하나의 이론을 사용해야 하고 어떤 때는 다른 이론으로 (입자들의 행위를) 묘사해야 하며, 때로는 두 이론을 모두 사용해야 한다"라고 말했다. 그리고 아인슈타인은 이 관계를 통해 광전효과를 완벽하게 해석하고 노벨상을 받았다.

드브로이: 입자의 파동

전자기파가 입자로 이루어졌으면 입자는 파동의 성격을 띨 수 있지 않겠냐고 생각하는 건 터무니없는 생각일까?

자연계에는 우리가 설명하거나 이해할 수 없을 정도로 신기한 일이 많다. 패러데이가 변화하는 자기장이 전기장을 생성하는 것을 발견한 것처럼 맥스웰은 변화하는 전기장도 자기장을 생성할 수 있다고 생각했다.

프랑스의 한 젊은 학자가 빛만 파동-입자 이중성을 가진 것이 아닌, 물질 입자도 파동-입자 이중성을 가졌다는 주장을 펼쳤다. 이 사람이 바로 프랑스의 물리학자 루이 빅토르 피에르 레몽 드브로이Louis Victor Pierre Raymond de Broglie이다.

17세기 이후 줄곧 프랑스 국왕을 위해 일한 드브로이 가족은 1740년 공작 칭호를 하사받았고, 공작 칭호는 큰아들에게 세습되었다. 후에 가족 모든 구성원이 신성로마제국 친왕의 칭호를 받았다.

1921년 아인슈타인은 플랑크의 양자 가설을 빌려 광전효과 실험을 풀이해서 노벨상을 받았다. 또 그는 빛이 파동-입자 이중성을 가진다고 말했다. 이에 영감을 받은 드브로이는 아인슈타인의 결론에 빛뿐만이 아니라 모든 물질도 파동-입자 이중성을 가진다고 덧붙였다. 물질의 입자성은 입자의 운동량 P(질량과 속도의 제곱)로 표현하고, 파동성은 파장 λ로 표현하면, 이 둘의 곱이 플랑크상수 h와 같다는 것이다.

$$\lambda = \frac{h}{p}$$

예를 들어 총알 하나의 질량이 m=0.1kg이고 v=300m/s의 속도로 운동할 때, 총알의 운동량은 $P = mv$ = 30kgm/s이다. 이때 이 총알의 파장은 $\lambda = \frac{h}{p} = \frac{6.63 \times 10^{-34}\text{Js}}{30\text{kgm/s}} = 2.21 \times 10^{-35}$m로, 너무 짧아

서 어떠한 기기도 측정할 수 없었지만 분명 존재했다.

드브로이는 논문을 써서 스승 폴 랑즈뱅Paul Langevin에게 보여주었다. 이 논문이 시대를 너무 앞서갔던 탓에 랑즈뱅은 통과하지 못할 것을 걱정했다. 그래서 랑즈뱅은 아인슈타인에게 드브로이의 논문을 보내며 편지를 썼다. 프랑스 공작(드브로이)이 졸업을 할 수 있는지를 결정하는 중요한 정치 문제이니 아인슈타인이 이 사람의 의견에 동의하면 후에 프랑스를 방문할 때 분명 환대를 받을 것이라는 말을 강조했다.

아인슈타인은 랑즈뱅의 말을 알아듣고, 랑즈뱅이 자신의 견해를 담고 있다고 회신했다. 아인슈타인의 긍정적 평가로 드브로이는 순조롭게 졸업을 할 수 있었다. 몇 년 후 노벨상 위원회는 노벨상 후보를 심사하다 드브로이의 주장이 맞는다는 것을 발견하고 그에게 노벨상을 주기로 했다. 그래서 드브로이는 세계 최초 박사 논문으로 노벨상을 받았다.

이 이전에 양자역학의 대부급인 닐스 보어는 1913년 수소 원자 모형을 발표했다. 닐스 보어는 전자가 수소 원자핵을 궤도 운동할 때 궤도는 특정한 값을 가진다고 주장했다. 이런 특정한 값은 양자 조건에 부합한다.

$$mrv = n\frac{h}{2\pi}$$

여기서 m은 전자의 질량, r은 전자 궤도의 반지름, v는 전자의 속도, n은 '양자수'라고 불리는 정수, h는 플랑크상수이다.

'전자가 다른 궤도에서 전이될 때 수소 원자는 광양자를 발사할 수 있다'는 이 가설을 통해 닐스 보어는 수소 원자가 빛을 발하는 현상을 해석하고 노벨상을 받았다.

수소 원자의 운동이 이 식을 만족하는 이유는 무엇일까? 1923년 드브로이는 〈프랑스 과학원 학보〉에 연속으로 3편의 논문을 발표해 닐스 보어의 양자 조건을 해석했다. 그가 쓴 논문 내용은 전자는 반드시 원자핵 주위의 전자 궤도에서 정상파를 형성한다는 것이다.

정상파定常波란 서로 반대 방향으로 진행해 연결되는 2개의 파동 조합을 가리키며, 전자 궤도의 둘레는 파장의 정수배이다.

$$2\pi r = n\lambda$$

전자의 파장과 운동량의 관계가 $\lambda = \frac{h}{p}$를 만족시키면 $2\pi r = n\frac{h}{mv}$가 되고, 닐스 보어의 결론과 일치한다.

파동-입자 이중성의 실험 증명

물리 이론을 증명하려면 반드시 실험해야 한다. 입자가 파동성을 가진다면 파동의 특징, 즉 간섭干涉. 파동이 위상을 지니면서 발생하는 진폭의 공간적인 보강과 상쇄 현상을 말함과 회절을 표현해야 한다. 간섭과 회절은 파동이 장애물을 통과할 때 전파 방향에 변화가 생기는 것으로, 장애물 뒤에 직선전파와 다른 모양이 생긴다. 예를 들어 이중 슬릿 실험양자역학에서 실험 대상의 파동성과 입자성을 구분하는 실험은 빛을 틈 사이로 통과시키면, 뒷면 스크린에 명암이 교차하는 무늬가 나타나는 현상을 보여준다.

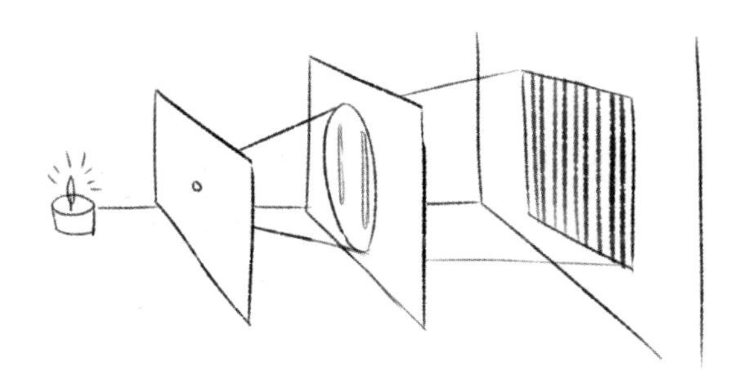

원형 빔 회절은 빛이 작은 구멍으로 통과한 후 뒷면 스크린에 소용돌이가 생긴다.

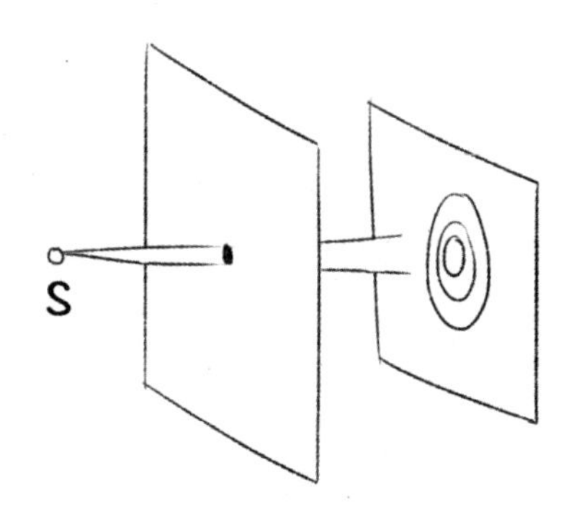

간섭과 회절은 파장 특유의 현상으로 음파, 수파, 광파 모두 간섭과 회절 현상이 일어난다. 물질 파동 존재를 증명하려면 반드시 입자의 간섭과 회절 현상을 발견해야 한다.

영국의 물리학자 조지 패짓 톰슨George Paget Thomson이 마침내 전자의 회절을 관측했다. 그가 관측한 결과, 좁은 틈을 통과한 전자에서 빛의 특징이 드러났다. 스크린에 회절 무늬가 나타난 것이다. 이로써 물질 파동의 학설이 증명되었다.

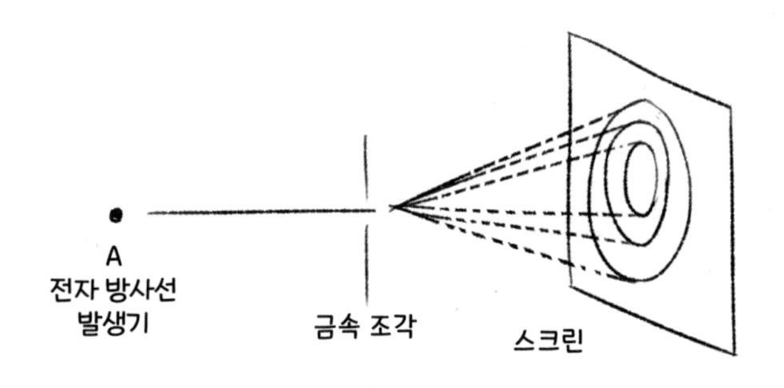

물질 파동의 본질: 확률 파동

물질 파동의 본질은 무엇일까?

독일의 물리학자 막스 보른Max Born은 물질 파동은 고전적인 기계 파동과 달리 진동 형식으로 전파되지 않고, 입자가 다른 위치에 존재하는 확률을 표시한다고 주장했다. 다시 말해, 거시 세계 속의 입자는 어떤 위치에 있는 것이 아니라 일정한 확률 분포로 존재한다. 어떤 장소의 확률이 높고 어떤 장소에 확률이 낮은 것은 파동함수波動函數로 그 차이를 나타낼 수 있다. 이런 해석을 '코펜하겐 해석'이라고 부른다.

드브로이는 통찰력이 뛰어난 과학자였다. 그는 아인슈타인의 이론에서 출발해 대담한 추측으로 닐스 보어의 이론을 해석하면서 조지 패짓 톰슨의 전자 회절을 예언했으며, 물질 파동 이론을 성공적으로 개척했다. 마지막으로 보른이 확률 이론으로 해석했고, 이 모든 것이 양자역학의 중요한 내용이 되었다.

드브로이는 여러 과학자들이 노벨상을 받을 수 있도록 연결해 주는 역할을 했다. 하지만 그가 연결한 몇 가지 성과에 비해 드브로이는 실험을 많이 하지 않았다. 이론 계산도 자주 하지 않았지만, 자기만의 통찰력으로 '쉽게' 노벨상을 받았다.

13

슈뢰딩거의 고양이는 죽었을까 살아 있을까?

_ 슈뢰딩거의 고양이

역사상 가장 유명한 실험 중 하나인 '슈뢰딩거의 고양이'는 양자역학을 거시 세계에 응용할 때 주로 인용하는 역설이다.

신기한 양자의 세계: 중첩 상태와 정상 상태

우리는 양자의 세계가 신기하다는 것은 이미 알고 있다. 양자의 세계에서는 확정보다 확률이 우세하다. 양자의 세계는 입자의 위치, 에너지, 속도 모두 불확실한 상태에 있다.

예를 들어 수소 원자는 원자핵과 원자 내 전자로 구성된다. 전자는 원자핵을 둘러싸고 고속으로 운동한다. 보어는 처음 수소 원자를 설명할 때 수소 원자의 전자가 특정 궤도에 존재한다고 생각했다. 하지만 그는 이런 이론이 수소 원자에만 해당하고 좀 더 복잡한 원자는 설명할 수 없다는 것을 발견했다.

후대 사람들은 전자가 정확한 궤도에 존재하지 않는다는 것을 발견했다. 그래서 전자를 구름처럼 그려 수소 원자 중의 전자가 여러 다른 위치에 출현할 확률을 나타내었다.

드브로이가 물질 파동의 개념을 제시한 후, 보른은 물질 파동을 파동함수와 확률로 설명했다. 파동함수는 양자 시스템 중 어떤 사건의 존재할 확률 함수를 나타낸다. 예를 들어 파동함수 $\psi(r, t)$는 위치 r과 시간 t의 변화에 따른 파동함수를, $|\psi(r, t)|2$는 위치 r와 시간 t이 입자를 찾을 확률을 나타낸다.

양자 시스템의 확률해석에 의하면, 관측하기 전에는 입자의 위치와 속도 등 정보를 확정할 수 없다. 따라서 양자 시스템은 중첩 상태에 처한다. 예를 들어 입자가 A에 있거나 B에 있는 것을 A와 B의 중첩 상태에 놓여 있다고 한다. 원자핵은 붕괴할 수 있고, 붕괴하지 않을 수도 있는 붕괴와 미붕괴의 중첩된 상태에 있다.

이 입자가 A인지 B인지 알려고 하거나 원자핵이 붕괴했는지 알려면 일단 관측을 해야 한다. 입자가 A나 B에 있는 걸 발견하는 것을 '중첩 상태가 무너지고 한 상태로 결정된다'라고 한다. 이 세계에서는 우리가 관측하는 것이 결과에 영향을 미친다고 여긴다. 왜냐하면 관측하기 전에는 입자가 어디에 있었는지 확정할 수 없지만, 관측 이후 입자는 *A* 또는 *B*에 위치하기 때문이다. 이 과정이 바로 우리가 관측하는 한순간에 발생하고, 그후 입자의 상태가 확정된다.

이런 관점은 거시 세계와 상호 위배된다. 예를 들어 우리가 술집에서 술을 마실 때 맥주를 마시거나 소주를 마실 수도 있다. 우리는 맛을 보고 이 술이 무엇인지 알 수 있다. 하지만 맛을 보지 않더라도 우리는 이 잔에 담긴 술이 맥주나 소주 둘 중 하나라는 것을 안다. 설사 술잔에 담긴 술이 무엇인지 모른다고 해도 우리가 맛을 보든 다른 누가 와서 맛을 보든 이 술잔의 측정 결과는 달라지지 않는다. 그러므로 거시 세계는 중첩 상태에 처하지 않고 본래 상태에 처한다.

양자역학에는 상식에 위배되는 결론이 많기 때문에 많은 사람

들이 양자역학을 의심한다. 그래서 어떤 사람들은 양자역학이 불완전한 이론이며 심오한 물리학의 한 분야일 뿐이라고도 한다. 양자역학의 창립자들도 예외는 아니다. 그래서 아인슈타인은 "하느님은 주사위를 던지지 않는다"라고 했고, 슈뢰딩거는 '슈뢰딩거의 고양이'라는 이론을 제시했다.

슈뢰딩거의 고양이

오스트리아의 물리학자 에르빈 슈뢰딩거Erwin Schrödinger는 양자역학의 기초를 다진 사람 중 하나이다. 그는 1926년 슈뢰딩거 방정식을 만들어 시간의 변화에 따른 양자 상태의 파동함수 수치를 묘사해 노벨상을 받았다.

하지만 그는 양자역학이 완벽한 이론이라고 생각하지 않았다. 특히 거시 세계는 양자역학과 위배되는 점이 많을 것이라 생각한 그는, 명확하게 설명하고자 수많은 물리학자들을 골치 아프게 할 만한 실험을 제시했다. 그 실험은 다음과 같다.

> 고양이 한 마리를 밀폐된 상자에 가두고 소량의 방사성 물질을 넣는다. → 물질은 1시간 이내에 50%의 확률로 핵붕괴가 일어난다. → 핵붕괴로 인해 방사선이 감지되면, 밀폐된 상자에 설치된

망치가 독극물이 담긴 병을 깨뜨리고, 병 속의 유독 물질이 상자 안에 퍼져 고양이는 죽게 된다.

이 실험에서 주의할 점은, 만일 물질의 핵붕괴가 일어나지 않으면 유독 물질은 확산되지 않고 고양이는 살 수 있다는 점이다.

양자 시스템에 따라 상자를 열어보기 전 방사성 물질은 붕괴와 미붕괴의 중첩 상태에 있다. 그래서 이 고양이가 살아 있기도 하고 죽기도 한 중첩 상태에 놓이게 만든다. 상자를 열어야만 관찰할 수 있고, 이 순간 중첩 상태에서 정상 상태가 되면 이 고양이는 죽기도 하고 살기도 한 상태에서 살아 있거나 죽은 고양이가 된다.

상자를 열지 않아도 상자 윗면을 유리로 만들어 고양이를 보면 된다고 생각할 수도 있다. 하지만 관측 행위 역시 실험에 영향을 줄 수 있다는 것을 알아야 한다. 예를 들어 유리를 설치하면 내부를 볼 수 있지만, 빛이 상자에 들어갔다가 다시 반사되어 나오면 광양자가 양자 시스템에 영향을 미칠 수 있기 때문에 실험을 완성할 수 없다. 고양이 역시 진정한 중첩 상태에 놓이려면 반드시 외부의 어떠한 간섭도 배제되어야 해서 유리를 통해 관찰할 수 없다.

이 고양이의 출현은 물리학자들을 갈등에 빠뜨렸다. 양자역학과 코펜하겐 해석에 대한 믿음이 고양이에 의해 깨지고 만 것이다. 슈뢰딩거는 이 실험을 통해 양자역학은 물리학 원리의 심오한 한 측면을 보여줄 뿐이라고 밝혔다.

평행 세계

'슈뢰딩거의 고양이'는 어떻게 해석하면 좋을까?

현대의 과학계는 아직까지 '슈뢰딩거의 고양이'에 대해 통일된 관점이 없다. 여전히 여러 과학자들이 수많은 신기한 이론으로 해석하는 중이다.

1957년 미국의 물리학자 휴 에버렛Hugh Everett이 '다세계 해석'

을 내놓았다. 그는 '슈뢰딩거의 고양이 실험'에서 상자 안에 두 개의 세계가 있다고 주장했다. 이 두 개의 세계는 상자 밖의 상황과 같지만, 하나의 세계에는 죽은 고양이가 있고 다른 하나의 세계에는 살아 있는 고양이가 있다. 이 두 세계는 뒤얽혀 있다가 상자를 열고 관측하는 순간, 이 두 세계는 분리되고 이후 각자 하나의 새로운 세계로 변하며 서로 아무런 영향을 미치지 않는다는 것이다. 이 얼마나 신기한 생각인가!

이 이론을 통해 SF 소설가들은 수많은 SF 소설과 영화가 평행세계라는 멋진 이야기를 만들어 냈다. 〈평행이론: 도플갱어 살인 Coherence〉이라는 영화도 그중 하나이다. 하지만 많은 과학자들은 이런 상상력을 인정하지 않았다. 슈뢰딩거의 고양이는 지금까지도 여전히 완전하게 이해할 수 없는 '괴물'일 뿐이다.

양자역학은 완벽한 이론인가 그렇지 아니한가? 이에 대해서는 여러 논쟁이 있다. 저명한 물리학자이자 노벨상 수상자인 리처드 필립스 파인먼Richard Phillips Feynman은 심지어 "내가 보장하건대, 양자역학을 이해하는 사람은 아무도 없을 것이다!"라고 말한 적이 있다.

14

블랙홀은 검은색일까?
_ 아인슈타인에서 호킹까지

2018년 3월 14일, 20세기를 대표하는 물리학자이자 아인슈타인 다음으로 뛰어난 영국 물리학자인 스티븐 윌리엄 호킹Stephen William Hawking이 세상을 떠났다. (공교롭게도 3월 14일은 아인슈타인이 태어난 날이기도 하다.)

21세 때 병으로 전신 마비가 온 호킹은 말을 할 수 없을 뿐 아니라 온몸에서 손가락 세 개만 간신히 움직일 수 있었다. 하지만 의지력으로 특이점 정리와 호킹 면적 정리, 블랙홀 증발 이론과 다중우주론 등을 주장했으며, 《그림으로 보는 시간의 역사The Illustrated a brief history of time》, 《호두껍데기 속의 우주The Universe in a nutshell》 등을 써서 전 세계에 과학 기술을 보급한 대가가 되었다. 세상을 뜬 후 호킹은 웨스트민스터의 뉴턴 묘지 옆에 안장되었다.

호킹이 평생 연구한 블랙홀black hole, 강력한 밀도와 중력으로 인해 입자나 전자기 복사, 빛을 포함한 그 무엇도 빠져나올 수 없는 시공간 영역이란 무엇일까? 이 문제를 이해하려면, 우선 아인슈타인에 대해 알아야 한다.

아인슈타인과 일반 상대성 이론

아인슈타인은 광전효과를 해석하고 특수 상대성 이론과 일반 상대성 이론을 제시했다. 이 중 가장 뛰어난 업적으로 인정받는 '일반 상대성 이론'은 뉴턴과 맥스웰 이후 인류가 세계를 이해하는 세 번째 비약을 하게 했고, 이것은 우주 연구에 꼭 필요한 도구가 되었다. 이 이론은 현대 우주학의 기본 관점은 빅뱅 이론, 우주 팽창, 블랙홀, 중력파重力波, 중력장이 파동의 모양을 이루며 빛의 속도로 전파하는 것 등이 있으며 이 모든 것이 아인슈타인의 일반 상대성 이론을 통해 설명된다.

일반 상대성 이론에서 아인슈타인은 뉴턴의 '질량을 가진 물체 사이의 중력 끌림'의 관점을 확장해 질량이 시공간의 곡률을 유발하며, 시공간 곡률을 통해 물체의 운동 규칙을 구한다고 주장했다.

뉴턴은 지구가 태양을 도는 운동은 태양이 지구에 대한 만유인력이 있기 때문이라고 했지만, 일반 상대성 이론은 이 과정을 태양의 질량이 커서 주위 공간의 곡률을 일으킨다고 해석했다. 이 곡률 공간에서 지구의 원주 운동은 실제로는 하나의 '직선'이다. 이 이론 안에 아인슈타인의 방정식이 있다.

$$G_{\mu\nu} = R_{\mu\nu} - \frac{1}{2}g_{\mu\nu}R = \frac{8\pi G}{C^4}T_{\mu\nu}$$

위 방정식은 복잡하지 않은 방정식으로 보인다. 그러나 텐서 방정식의 약식 버전으로, 전체 방정식은 굉장히 복잡하다.

많은 과학자들이 방정식을 풀다 놀라운 결과를 얻었는데, 그중 아인슈타인 방정식을 계산하다 특이한 해답을 발견한 독일의 천문학자 카를 슈바르츠실트Karl Schwarzschild는 이를 '블랙홀'이라 부르고, '우주 중에 존재할 가능성이 있는 기묘한 천체'라고 했다.

블랙홀이 정말 존재할까? 한 세기 동안 찾은 결과, 오늘날 과학자들은 여전히 블랙홀의 존재를 '아마도'라고 정의한다.

호킹의 공헌

호킹은 아인슈타인의 일반 상대성 이론의 기초에 양자 이론을 도입하고 분석해 블랙홀의 성질을 더 상세하게 묘사했다. 예를 들어 호킹이 주장한 특이점 정리, 블랙홀 증발 이론, 호킹 면적 정리 등이 있다. 호킹의 이론은 모두 완벽한 수학 공식으로 결과를 얻어내었다. 하지만 지금까지 언급한 이론들은 추측일 뿐 블랙홀의 존재 여부를 입증할 수 없어서 호킹은 노벨상을 받지 못했다.

기묘한 블랙홀

블랙홀은 어떤 성질을 가지고 있을까?

우선 블랙홀은 질량이 매우 크다. 가장 빠른 물체인 빛도 탈출하지 못할 정도이다. 이 '탈출'이라는 개념을 이해하기 위해 우주의 속도에 대해 알아보자.

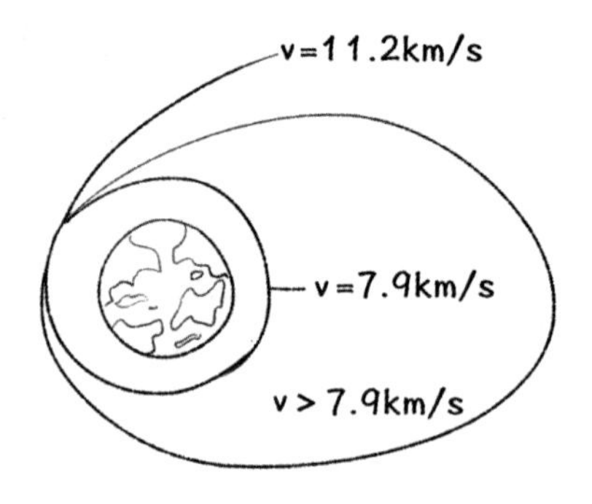

뉴턴은 지상에서 발사한 폭탄의 속도가 느리면 지면으로 떨어지지만, 속도가 일정한 수치에 도달하면 지면으로 떨어지지 않고 지구 주변을 원 궤도로 돌 것이라고 했다. 이 속도를 '제1 우주 속

도'라고 하며 약 7.9km/s이다. 만일 이 속도를 11.2km/s로 높이면, 물체는 다시는 지구로 돌아오지 않고 우주 공간으로 사라진다. 이 속도를 '탈출 속도'라고 부른다.

고전 물리에서 탈출 속도는 별의 질량 및 반지름과 관련 있다.

$$v_2 = \sqrt{\frac{2GM}{R}}$$

여기서 G는 만유인력 상수, M은 별의 질량, R은 별의 반지름이다.

별의 질량 M이 커질수록 별의 반지름 R은 작아지고, 탈출 속도 v는 빨라진다. 만일 이 속도가 광속 c까지 증가하면 어떠한 물체도 별의 중력에서 벗어날 수 없다. 따라서 공식 $c = \sqrt{\frac{2GM}{R}}$을 이용해 $R = \frac{2GM}{c^2}$을 얻을 수 있다. 이 반지름의 크기를 '슈바르츠실트 반지름물체의 질량이 구球 안에 모두 모여 있다고 할 때, 구의 표면에서 탈출 속도가 빛의 속도와 같아지는 반지름. 어떤 물체가 이보다 작은 크기로 줄어들면 블랙홀이 됨'이라고 부른다. 별의 반지름이 슈바르츠실트 반지름보다 작으면 빛도 도망가지 못한다.

슈바르츠실트 반지름은 일반 상대성 이론의 복잡한 방정식을 통해 구하지만, 여기서는 이해를 위해 간략하게 설명한 것이다. 공식에 지구의 질량 $M=6\times10^{24}$kg을 대입하면 지구의 슈바르츠실트 반지름은 $R=0.01$m이 된다.

블랙홀이 사람들의 마음을 사로잡는 것은 강력한 시공의 굴절을 만들기 때문이다. 시공의 굴절이라는 개념은 이해하기 어렵다. 그러니 간단한 예를 들어 보자. 중력이 큰 천체가 블랙홀이 되면 외부에 슈바르츠실트 반지름 크기의 '사건의 지평선'이 생긴다. '사건의 지평선' 밖에 있는 물체는 블랙홀에서 탈출할 기회가 있지만, 일단 안으로 진입하면 광속으로 운동하는 물체라도 블랙홀을 탈출할 수 없다.

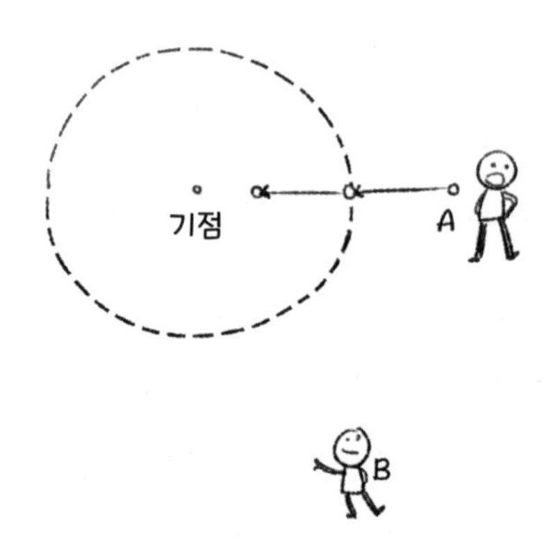

균일한 속도로 블랙홀에 접근하는 *A*는 자신이 등속직선운동等速直線運動, 속도가 일정한 일직선 상의 운동을 한다고 여길 것이다. 하지만 먼 곳에서 관찰하는 *B*가 보기에 *A*는 점차 속도가 느려지다가 결국 사건의 지평선 가장자리에 도달하면 정지하고 움직이지 않는 것처럼 보인다. *B*에게 *A*는 영원히 사건의 지평선에 들어가지 못하고 사건의 지평선 가장자리에 서 있는 비석이 된다. 이것이 바로 중력이 시간을 느리게 만드는 효과이다. 블랙홀에 가까울수록 시간은 느려진다.

블랙홀뿐만 아니라 질량이 큰 물체는 주변의 시간을 느리게 변화시킨다. 영화 〈인터스텔라Interstellar〉의 한 장면을 보면, 우주 비행사들이 어느 별에서 겨우 몇 시간을 머물렀을 뿐인데 외부 공간의 궤도에 있는 비행사는 그들을 20여 년이나 기다리는 장면이 나온다.

블랙홀 문제로 돌아가 보자. *A*는 자신이 사건의 지평선에 들어갈 수 있다고 여긴다. *A*가 사건의 지평선에 들어가면 다시는 나오지 못하게 된다. 설사 빛의 속도로 운동해도 사건의 지평선에서 도망갈 방법이 없다. 사건의 지평선 내의 모든 현상은 외부와 무관하다. 사건의 지평선 내의 어떠한 정보도 외부로 보낼 방법이 없어서 사건의 지평선 안과 밖을 '두 개의 세계'라고 부른다.

더 재미있는 것은 블랙홀 외부의 시간은 단방향이지만, 공간은 쌍방향이라는 것이다. 다시 말해 사람은 과거로 돌아갈 수 없으나 앞으로 움직이거나 뒤로 움직일 수 있다. 하지만 블랙홀 안은 시공간이 심하게 뒤틀려서 시간이 쌍방향으로 흐르기 때문에 과거로 돌아갈 수 있다. 반면 공간은 단방향으로 변해 되돌아갈 수 없어서 물체는 블랙홀의 한 점인 특이점特異點을 향해 움직인다. 특이점은 블랙홀 중심의 밀도가 무한하게 큰 점이다. 이 점에서는 마치 1을 0으로 나누는 것처럼 일체의 물리 규칙과 수학 규칙이 모두 상실된다. 그래서 이를 '특이점'이라고 한다.

물체가 특이점에 가까울수록 중력은 커진다. 결국, 물체는 양끝에서 받는 힘이 너무 커서 찢어지고 만다.

많은 과학자들은 블랙홀의 이 같은 신비한 특성에 매료되었다. 하지만 블랙홀은 어떠한 빛도 발산하지 않는데 어떻게 찾을 수 있을까?

호킹은 블랙홀의 사건의 지평선 부근에 입자와 반입자가 끊임없이 생성된다고 했다. 입자는 호킹 복사를 형성하고 반입자는 블랙홀에 흡수되어 블랙홀의 질량 손실을 유발한다. 이 과정을 '블랙홀 증발'이라고 한다. 호킹 이론에 의하면 블랙홀에도 수명이 있으며 호킹 복사를 관찰해 블랙홀을 찾을 수 있다.

문서를 폐기하고 싶다면 문서 파쇄기로 자르거나 불로 태워버릴 수 있지만 이렇게 해도 이론상으로 정보는 소실되지 않기 때문에 방법을 찾아 복구를 실행하면 원래의 정보를 읽을 수 있다. 그러나 블랙홀은 다르다. 블랙홀이 삼킨 모든 정보는 영원히 사라진다. 블랙홀의 증발은 어떠한 정보도 남기지 않는다. 블랙홀은 우주의 슈퍼 문서 파쇄기이다. 블랙홀 이론은 여전히 우주학에서 가장 신기한 내용이며 많은 과학자들이 가장 기대하는 토론 주제이다.

15

원자폭탄은 어떻게 만들까?

_ 질량-에너지 등가원리와 핵반응

원자폭탄은 현재 인류가 보유한 무기 중 가장 가장 강력한 무기이다. 1945년 제2차 세계대전이 끝나기 직전에 미국은 일본 히로시마와 나가사키에 원자폭탄을 투하했다. 원자폭탄을 맞은 두 도시는 20여만 명의 사상자를 내고, 도시가 평지로 변했다. 이 사건 이후, 사람들은 핵무기의 위력을 알게 되었다.

제2차 세계대전 이후 미국과 소련을 선두로 한 냉전 국가들은 광적인 군비 경쟁을 벌였다. 자연스럽게 원자폭탄의 수량과 폭발력은 상승했다. 미국이 일본에 떨어뜨린 원자폭탄 '리틀 보이Little Boy'와 '팻 맨Fat Man'은 TNT 2만t이었지만, 소련이 폭발시킨 차르 핵폭탄은 TNT 50메가톤이었다. 핵폭발로 생긴 버섯구름은 너비가 40km, 높이는 60km에 달해 에베레스트산보다 7배나 높았다.

폭발로 생긴 복사열은 원자폭탄이 떨어진 곳에서 약 170km 떨어진 곳에 사는 사람에게 3도 화상을 입혔으며, 폭발로 인한 섬광이 220km 밖의 사람에게 극심한 안구 통증과 화상까지 입힐 정도였다. 이렇게 핵무기의 힘이 강한 이유는 무엇 때문일까?

질량-에너지 등가원리

이 문제를 설명하기 위해서는 우선 1905년 물리학의 '두 번째 기적의 해'부터 이야기를 시작해야 한다.

첫 번째 물리학 기적의 해는 1666년이다. 그해 전염병을 피해 고향으로 돌아간 뉴턴이 미적분을 발명하고, 빛의 분광 현상을 발견했으며, 만유인력을 주장하는 등 근대 수학·과학·역학의 기초를 닦았기 때문이다. 전무후무한 성과에 사람들은 이 해를 '뉴턴 기적의 해'라고 불렀다.

그 후 1905년 특허국에서 일하던 아인슈타인이 브라운 운동의 이론, 특수 상대성 이론, 광양자설 등 논문을 연속으로 발표했다. 그가 발표한 논문은 과학사상 중대한 영향을 미쳤다. 후세 사람들은 이 해를 '아인슈타인 기적의 해'라고 불렀다. 아인슈타인은 물체의 에너지와 질량의 관련성을 밝혔는데, 이것이 바로 질량-에너지 등가원리이다.

$$E = mc^2$$

E는 에너지, m은 물체의 질량, c는 진공 상태의 광속을 나타내며 $c=3\times10^8$m/s이다.

만일 물체의 질량이 m=1kg이라면 이 방정식에 따라 물체의 에너지는 9×10^{16}J로 대략 2000t의 TNT 폭탄이 폭발할 때의 에너지에 해당한다.

어떻게 1kg의 물체에 이렇게 큰 위력이 있을까? 그건 핵반응 과정에서만 이 공식이 쓰이기 때문이다.

연쇄 반응

20세기 초, 사람들은 원자가 원자핵과 전자로 구성되어 있다는 것을 알았다. 이 구조를 발견한 영국의 물리학자 어니스트 러더퍼드Ernest Rutherford는 α입자(수소 원자핵)를 사용해 다른 물질에 충격을 주는 것을 좋아했다.

예를 들어 1917년 α입자를 사용해 질소(N) 원자핵에 충격을 주고 산소(O) 원자핵과 양자(p)를 생산했다.

$${}_{2}^{4}\mathrm{He} + {}_{7}^{14}\mathrm{N} \rightarrow {}_{8}^{17}\mathrm{O} + {}_{1}^{1}\mathrm{p}$$

이것이 바로 인류 최초의 원자핵 변화 관측이다. 인위적으로 하나의 입자와 원자핵을 부딪쳐 원자핵에 변화를 발생시켰기 때문에 '인공핵변환'이라고 부른다.

1938년 독일의 화학자 오토 한Otto Hahn이 처음으로 우라늄의 핵분열 반응을 발견했다. 그는 중성자(n)를 사용해 우라늄(U) 원자핵에 충격을 주고 바륨(Ba) 원소를 발견했다.

$$^{235}_{92}\mathrm{U} + ^{1}_{0}\mathrm{n} \rightarrow ^{236}_{92}\mathrm{U} \rightarrow ^{144}_{56}\mathrm{Ba} + ^{89}_{36}\mathrm{Kr} + 3^{1}_{0}\mathrm{n}$$

이 반응으로 하나의 중성자가 우라늄 원자핵에 부딪혀 우라늄 235를 우라늄 236으로 바꾸고, 바뀐 우라늄은 바륨 144, 크립톤 89와 3개의 중성자로 변한다. 우라늄의 부피와 질량이 충분하면 이 3개의 중성자는 계속해서 3개의 우라늄 235로 핵반응을 일으켜 9개의 중성자를 만든다. 이렇게 일종의 '눈사태 효과'를 형성해 단기간 내에 여러 차례 핵반응을 일으킨다. 이런 반응을 '연쇄반응'이라고 부른다. 이 과정에서 양자와 중성자의 총량은 변화가 없지만, 양자와 중성자의 질량은 평균적으로 $\Delta m = 0.3578 \times 10^{-27}$kg 감소한다. 즉 질량의 손실이 발생하는 것이다. 아인슈타인의 질량 방정식에 의해 이 부분의 질량 손실은 상응하는 에너지 $\Delta E = \Delta mc^2 = 201$MeV로 변한다.

당시는 제2차 세계대전의 암운이 드리우고 있었다. 나치는 베르너 카를 하이젠베르크Werner Karl Heisenberg를 선두로, 과학자들을 모아 원자폭탄 연구를 진행하고 있었다. 하지만 연구는 잘 진행되지 않았다. 그 원인 중 하나가 아인슈타인, 헤르츠 등 우수한 유대인 과학자들이 히틀러에게서 도망쳐 인재 손실이 컸기 때문이다.

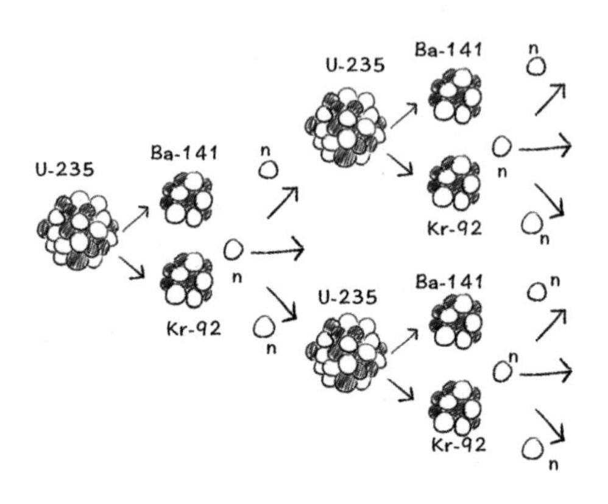

맨해튼 계획

일본이 미국 진주만을 습격한 후, 미국도 정식으로 전쟁에 참여했다. 이미 당시 세계 제일의 공업 강국이었던 미국은, 진주만 사건으로 인해 적에 대한 적개심이 들끓었다. 나치 독일이 원자폭탄을 연구 중이라는 정보를 입수한 미국 국방성 과학자들은 히틀러보다 먼저 원자폭탄을 연구 제작하기 위해 아인슈타인에게 도움을 청했다.

독일 유대인 태생의 미국 국적자인 아인슈타인은 당시 이미 세계적으로 명성이 자자했다. 나치가 정권을 잡자 미국으로 망명한 아인슈타인은 시어도어 루스벨트Theodore Roosevelt 대통령에게 나치가 먼저 원자폭탄을 제작하게 되면 전 세계는 재난에 빠질 것이라고 편지를 썼다. 아인슈타인의 호소로 미국 정부는 유능한 과학자를 모집해 3년간의 '맨해튼 계획'을 시작했다.

원자폭탄 제조 과정에서 가장 어려운 문제는 우라늄 정제였다. 원자폭탄의 원료인 우라늄 235는 천연우라늄 중 겨우 0.7%밖에 되지 않았고, 나머지는 동위원소 우라늄 238이었다. 연쇄반응을 발생시키기 위해서는 우라늄 235의 농도가 반드시 일정 수치 이상이 되어야 했다. 농도가 너무 낮으면 핵분열로 방출하는 중성자를 다음 우라늄 235 원자핵과 충돌시킬 수 없어 연쇄반응이 일어날 수 없었다. 그래서 '맨해튼 계획'의 많은 시간은 우라늄 농축하는 데에 썼다.

제2차 세계대전이 끝날 때 미국이 정제한 우라늄은 간신히 실험용 폭탄 하나와 실전용 폭탄 두 개를 제조할 수 있는 양이었다. 우라늄은 농도뿐 아니라 우라늄의 체적도 충분히 커야 했다. 이를 '임계체적'이라고 한다. 원자핵이 원자보다 상대적으로 작기 때문에 우라늄의 체적이 부족하면 생산된 중성자가 원자핵 외부의 공간으로 날아가 연쇄반응이 중단될 가능성이 크다.

간단한 원자폭탄의 모형은 다음과 같다.

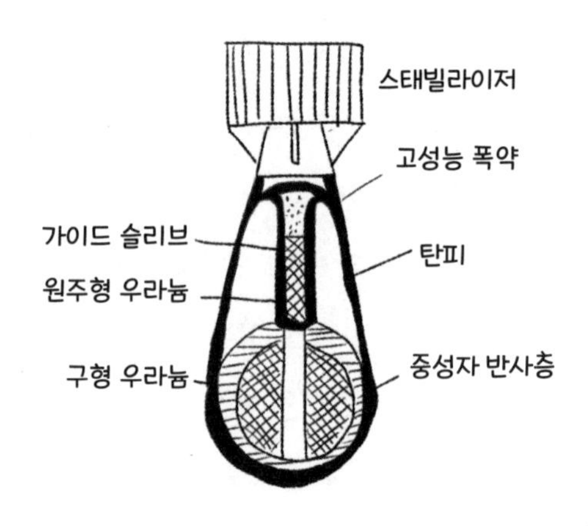

탄피 안에는 두 개의 농축 우라늄이 있고, 그 사이에 막대형 우라늄이 들어간다. 이 셋이 임계체적에 도달하지 못하면 폭발이 일어나지 않는다. 원자폭탄의 기폭작용으로 원주형 우라늄 덩어리 위에 있는 폭탄이 폭발해 우라늄 막대가 두 우라늄 사이로 들어가면, 셋이 하나로 합쳐진 후 임계체적을 초과하면 원자폭탄의 폭발이 일어난다. 우라늄 덩어리 외부의 중성자 반사층은 중성자를 반사해서 임계체적을 감소시킨다.

열핵융합

수소의 두 가지 동위원소인 중수소(^2_1H)와 삼중수소(^3_1H)는 원자핵과 거리가 가까울 때 1개의 헬륨(He)과 한 개의 중성자(n)로 변한다. 핵반응 방정식은 다음과 같다.

$$^2_1H + ^3_1H \rightarrow ^4_2He + ^1_0n,$$

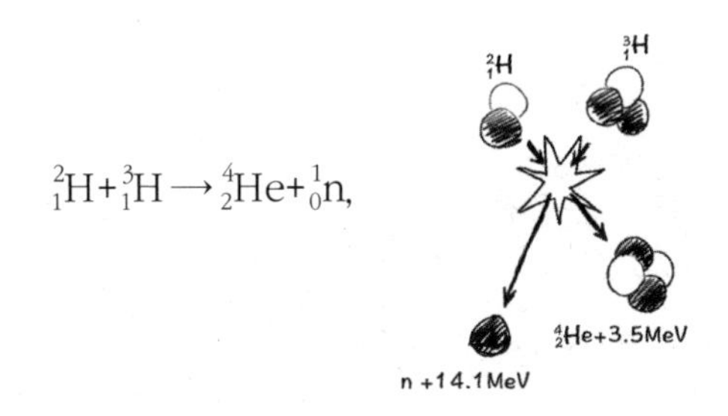

이 과정에서 원자핵의 질량은 Δm=0.0189u로 감소하고, 동시에 에너지 ΔE=17.6MeV를 방출한다. 같은 질량의 우라늄 핵분열과 비교해 핵융합이 방출하는 에너지가 훨씬 더 크다. 태양이 빛을 뿜어내는 핵반응도 같은 원리이다. 하지만 핵융합을 실현하려면 우선 중수소핵과 삼중수소 핵 사이의 거리를 $10^{-15}m$로 감소시켜야 한다.

원자핵 간에 정전기가 발생하기 때문에 이 과정에서 거대한 에너지가 필요하다. 이를 해결하기 위해 수백만 켈빈 온도Kelvin溫度, 물질의 특이성에 의존하지 않고 눈금을 정의한 온도까지 가열해서 핵융합을 유발하는 방법을 생각했다. 극도로 높은 온도일 때 원자의 운동 에너지가 커서 원자핵이 이 운동 에너지에 힘입어 쿨롱의 힘을 극복할 수 있기 때문이다.

어떻게 하면 높은 온도를 만들 수 있을까? 일반 폭탄은 이 온도에 도달할 수 없었다. 그래서 생각해낸 것이 바로 원자폭탄이다.

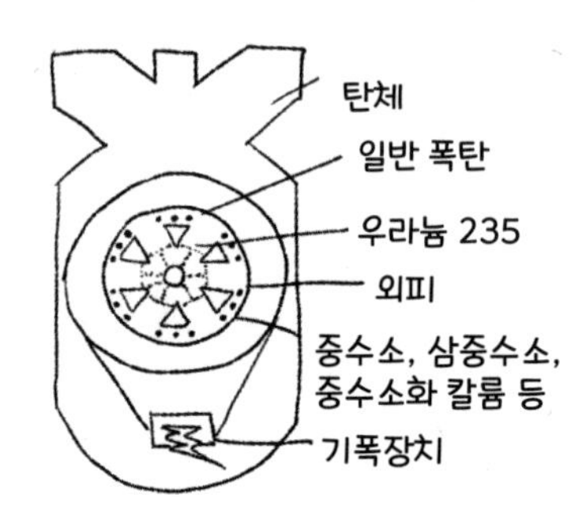

16 칩을 만들기 어려운 이유가 뭘까?
_ 칩의 기본 원리와 제작

핸드폰부터 비행기까지 모든 전기전자 제품에 칩chip이라는 작은 물건이 들어간다. 우리 주위에서 쉽게 보거나 우리가 자주 찾는 칩이란 무엇일까?

칩이란?

칩은 몸집이 매우 작지만 이것을 이용해 수많은 반도체 부품을 제작할 수 있다. 컴퓨터 CPU도 칩이다. 컴퓨터의 메모리 FLASH 역시 칩으로, 정보를 빠르게 저장한다.

칩의 기본 원리를 이해하려면 우선 간단한 반도체 부품 이극진공관二極眞空管, 음극에 필라멘트를, 양극에 금속판인 플레이트를 연결해서 만든 진공관부터 얘기해야 한다. 이극진공관은 기본적인 반도체 부품으로 PN 접합을 기본 구조로 한다.

반도체 재료인 실리콘 외부는 4개의 전자가 둘러싸고 있다. 정상적인 상황에서 실리콘은 전기를 가지지 않는다. 하지만 어떤 전자가 원자의 속박에서 벗어나 자유 전자가 되면 원래 전자의 위치에는 '홀'이 형성되고 이 홀에 정전기가 발생한다.

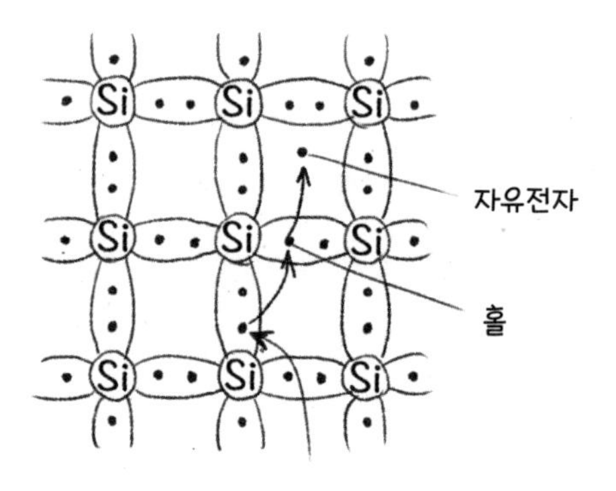

실리콘과 달리 붕소 원소 주변에는 3개의 전자가 있다. 붕소 원소가 실리콘 원소에 섞이면 실리콘과 붕소 사이에 전자 홀이 형성되는데, 이것은 양전하에 해당한다. 이런 반도체를 'P형 반도체'라고 부른다. 반대로 원소 인의 가장 외층에는 5개의 전자가 있다. 인을 실리콘에 섞으면 인과 실리콘 사이에 하나의 전자가 남는다. 이런 반도체를 'N형 반도체'라고 한다.

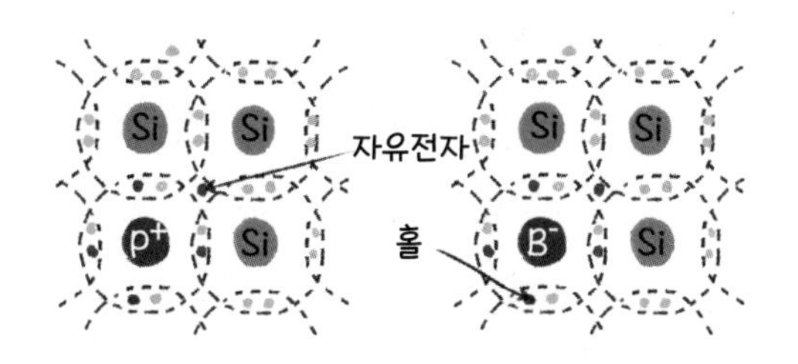

이 두 반도체를 접합한 것을 PN 접합체라고 한다.

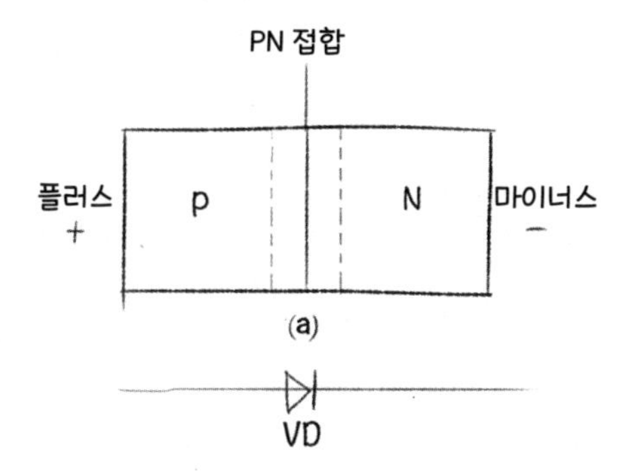

PN 접합체에서 물리적인 원인으로 전류는 P극에서 N극으로 흐르며, N극에서 P극으로는 흐르지 않는다. 이것이 이극진공관의 메커니즘이다.

AND 논리곱, OR 논리합, NOT 논리 부정

이극진공관이 생기자 논리 연산을 실현할 수 있게 되었다. 기본적인 논리 연산에는 AND 논리곱, OR 논리합, NOT 논리 부정 총 3가지가 있다. 간단한 회로로 비교해 보자.

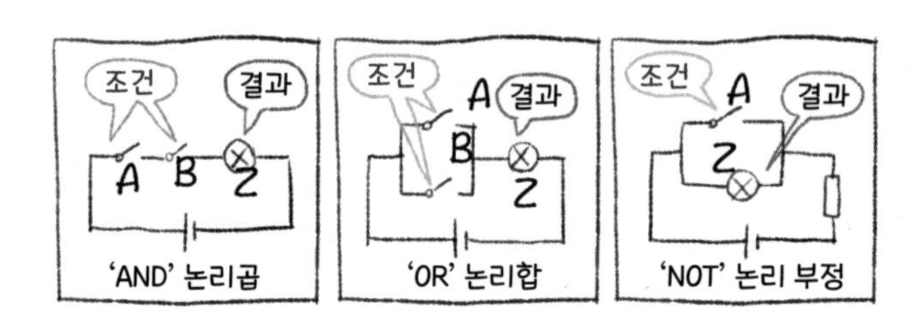

예를 들어 두 개의 스위치와 전구가 직렬 연결되어 있는데, 두 개의 전구가 모두 접속될 때 불이 들어오는 것은 AND 논리곱이다. 두 개의 스위치가 병렬 연결되어 있고 전구는 직렬 연결되어 있으면, 하나의 스위치만 접속되어도 전구에 불이 들어오는 관계를 OR 논리합이라고 한다. 스위치와 전구가 모두 병렬 연결되고 스위치가 접속될 때 전구는 단절되어 불이 들어오지 않고, 스위치가 꺼졌을 때 전류가 전구에 흘러 들어가 불을 밝히는 것을 NOT 논리 부정이라고 한다.

논리 회로 중 고압전기와 저압전기를 다른 상태로 표시해 이진법 중 '1'과 '0'에 대응시킨다. 이때 'AND' 관계의 A와 B 두 인풋은 모두 하이 레벨이어서 아웃풋 Y도 하이 레벨이다. 인풋이 로우 레벨일 때 아웃풋도 로우 레벨이 된다.

A	B	A와 B
1	0	0
0	1	0
0	0	0
1	1	1

이 논리 관계를 실현할 수 있는 회로를 'AND 논리곱'이라고 부른다.

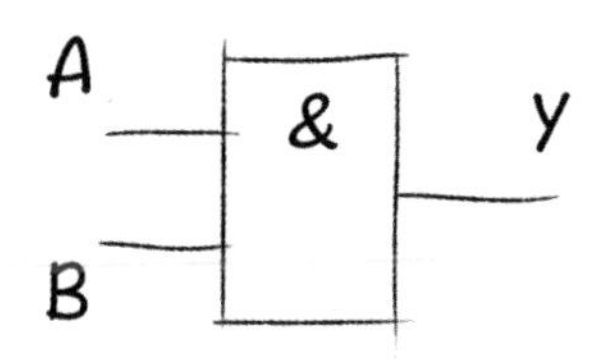

마찬가지로 'OR 논리합'과 'NOT 논리 부정'도 있다. OR 논리합과 NOT 논리 부정도 비슷한 관계이다.

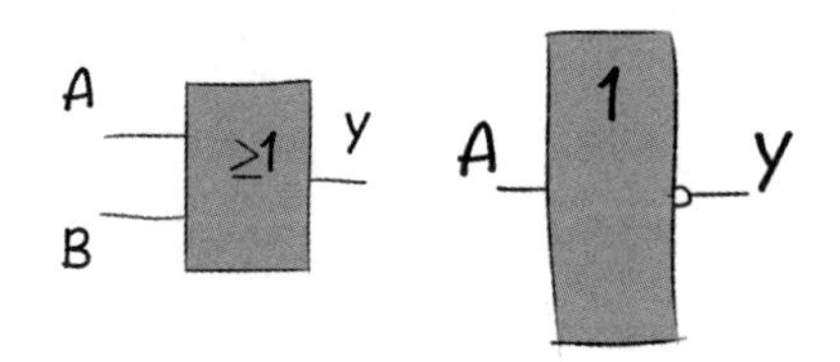

논리연산 회로의 물리적 실현

AND 논리곱은 어떻게 물리적 실현을 할까? 일단, 실험하려면 이극진공관을 이용해야 한다.

5V에 가까운 전압을 1이라 표시하고, 0V에 가까운 전압은 0이라 표시한다. 두 개의 이극진공관을 통해 아래 방법으로 연결한다.

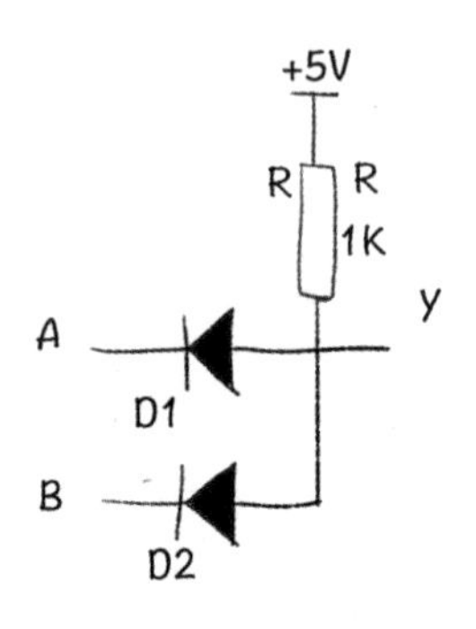

만일 *A*와 *B*가 5V(하이레벨)를 들여보내면 전체 회로의 각 부분 전압은 모두 5V가 되며, *Y*단도 5V(하이레벨)이다. 하지만 *A*에 0V(로우 레벨)를 들여보내면 이극진공관 *A*에 전기가 통하고 이극진공관의 플러스전도 전압이 약하기 때문에 *Y*는 0V(로우 레벨)에 근접한다. 마찬가지로 *B*에 0V를 들여보내면 *Y*단도 로우 레벨을 내보낸다. 이렇게 논리와 게이트가 실현된다. OR 논리합과 NOT 논리 부정도 비슷한 구조이다.

AND 논리곱, OR 논리합, NOT 논리 부정을 이용하면 다양한 계산을 할 수 있다. 예를 들면 한 자릿수 덧셈을 할 수 있으며, 논리 연산 회로는 다음과 같다.

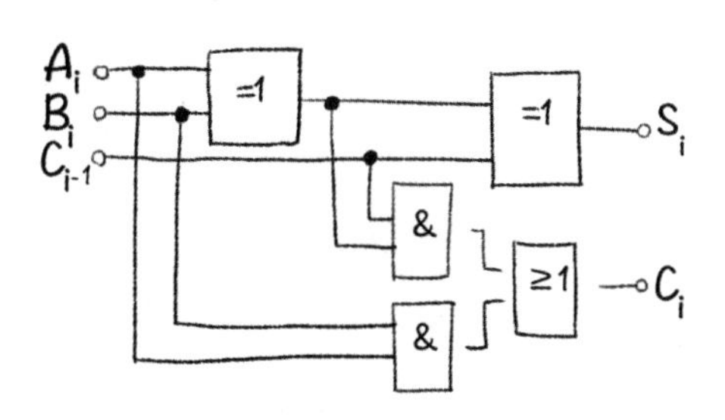

컴퓨터에 필요한 기능은 한 자릿수 덧셈을 하는 것보다 훨씬 복잡하며 회로 역시 복잡하다.

초기 컴퓨터는 더 원시적인 진공관으로 구성되었고, 세계 최초의 컴퓨터 '애니악ENIAC'은 1946년 미국 펜실베이니아대학교에서 탄생했다. 이때의 컴퓨터는 18000개의 진공관, 전용면적 170㎡, 중량 30t, 150kW의 전력이 필요한 방대한 물건으로, 초당 5000번 계산을 할 수 있었다. 하지만 몇 분마다 진공관이 훼손되어 자주 교체해야 했고, 프로그램 작성도 복잡했다.

현대의 CPU는 수십억 개의 트랜지스터를 손톱만 한 크기의 칩에 넣고 초당 수십억 번 계산을 할 수 있어 트랜지스터의 크기가 작다는 것을 짐작할 수 있다.

제작 과정

칩을 제작하려면 아래와 같은 3단계를 거쳐야 한다.

---

1. **설계** - 어떤 기능을 실현하기 위해 칩 속의 각종 반도체 부품의 배열과 조합을 연구한다.
칩을 설계하는 것은 본질적으로는 블록 쌓기와 같지만, 아주 작은 공간에 수억 개의 반도체 부품 mos관을 쌓아야 한다. 관의 크기는 나노미터급이기 때문에 난이도가 큰 작업이다.

2. **제작단계**- 이산화규소를 녹여 단원자 실리콘을 추출한 후 실리콘 조각으로 자른다. 자른 실리콘 조각에 리소그래피 접착제를 바른다. 이때 칩은 매우 작기 때문에 일반 기계로는 가공할 수 없어 반드시 자외선 빔으로 가공해야 한다. 가공한 칩은 설계된 형판에 자외선 빔을 사용해 리소그래피 접착제를 바른 실리콘 조각을 쏜다. 이것은 회로를 실리콘 조각에 그리는 것과 마찬가지이다. 화학 용액으로 세척하면 접착제의 성질 때문에 빛에 쏘인 부분과 쏘이지 못한 부분이 모두 씻겨나간다.

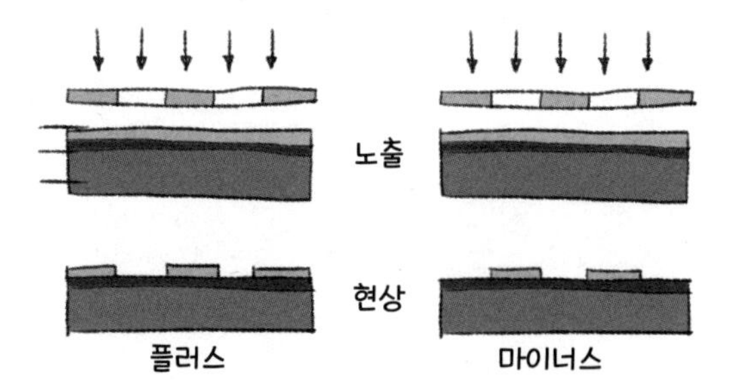

이후 불순물이 실리콘 조각 표면에서 침적한다. 접착제가 덮이지 않은 부분에는 불순물이 생기고, 접착제로 보호한 부분은 불순물이 없다. 그래서 접착제를 씻어내면 알맞은 구조가 형성된다.

3. **봉합과 테스트** - 제작이 끝난 후 외부 회로를 절단하고 연결함과 동시에 칩을 테스트한다.
   칩의 설계나 제작 모두 거액의 자금과 인재 그리고 시간의 투입이 필요하다. 실제로 칩은 인류 지혜의 최정상에 있는 발명품으로, 우주 비행선을 만드는 것보다 더 어려운 기술이다.

PART III

생활 속에서 알아보는 과학 이야기

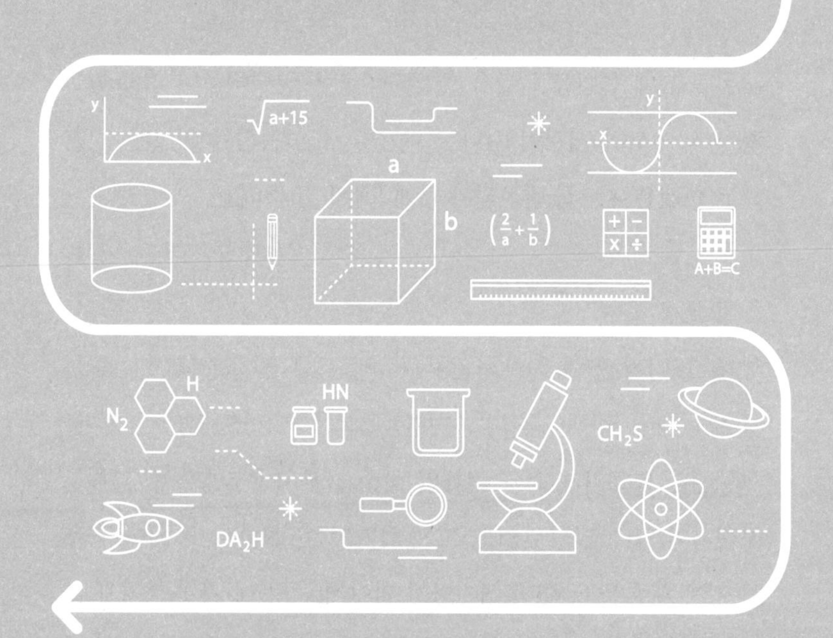

01 하늘은 왜 파랄까?
_ 레일리 산란, 태양광의 구성

어렸을 때 한번쯤 하늘이 왜 파란색인지 궁금해했던 적이 있을 것이다. 어쩌면 시간이 지나도 누구나 궁금해 할지도 모른다. 그리고 이것은 영원히 반복되는 난제일지도 모른다.

레일리 산란

공기는 78%의 질소와 21%의 산소 그리고 1%의 기타 기체로 구성되어 있다. 공기 중에는 고체 입자, 작은 물방울, 작은 얼음 조각 같은 불순물도 있다. 대기층에 빛이 방출될 때 기체 분자가 불균형적인 데다가 불순물의 영향으로 광선은 산란된다. 산란散亂이란 원래 평행으로 비추는 빛이 여러 방향으로 난반사하는 것이므로, 원래는 한 방향을 향해 비추던 태양광이 전체 하늘을 밝게 만든다. 만일 대기의 산란 작용이 없다면, 낮이라 할지라도 하늘은 어두울 것이다.

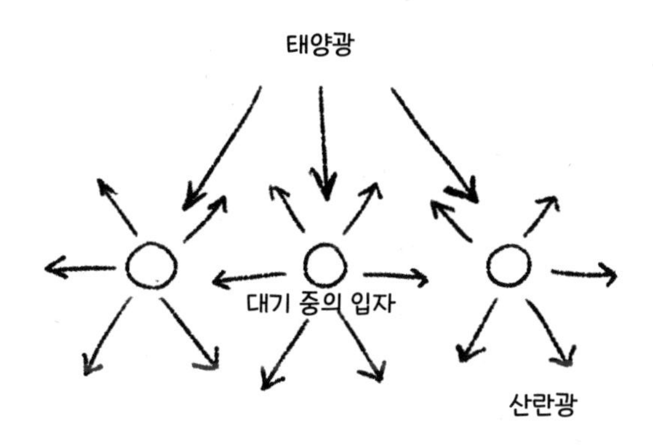

태양광은 단일 파장의 빛이 아닌 수많은 단색 빛이 합쳐져서 이루어진 복합광이다. 파장이 400~700mm 사이의 빛은 육안으로 볼 수 있어 가시광선可視光線이라고 한다. 태양광의 가시광선 부분은 일곱 가지 색으로, 파장이 긴 것에서 짧은 것 순이며, 붉은색, 주황색, 노란색, 녹색, 파란색, 남색, 보라색으로 구성된다. 이 밖에 눈에 보이지 않지만, 파장이 붉은색보다 긴 빛을 적외선赤外線이라 하고, 보라색보다 짧아 보이지 않는 빛을 자외선紫外線이라고 한다.

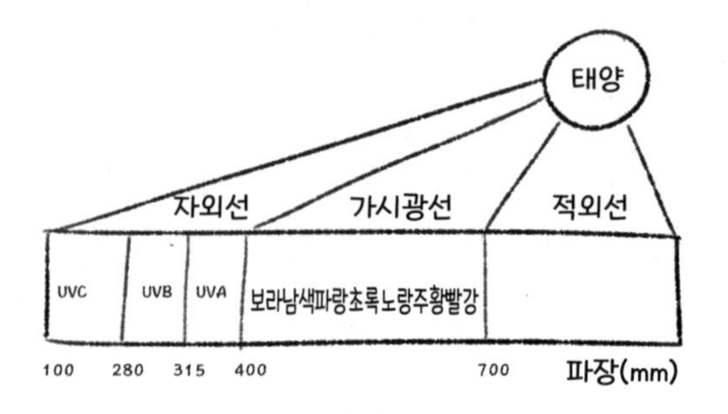

태양광의 에너지는 모두 다르다. 주 에너지는 가시광선 부분에 집중되어 있다. 사람의 눈은 태양광 중 에너지가 가장 강한 부분에 가장 민감하게 반응할 수 있게 진화했다.

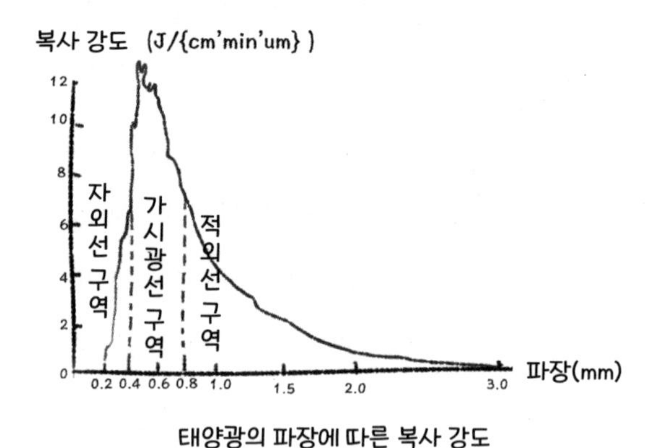

태양광의 파장에 따른 복사 강도

파장에 따라 빛의 산란 에너지도 다르다. 영국의 물리학자 존 윌리엄 스트럿 레일리John William Strutt Rayleigh는 빛의 산란 문제를 연구해 '레일리 산란 공식'을 만들었다.

레일리는 파장보다 아주 작은 미립자로 인해 생긴 빛의 산란 강도는 파장의 4제곱에 반비례한다고 했다. 이때 파장이 길수록 산란 강도는 약해지고, 파장이 짧을수록 산란은 강력해진다. 가시광선에서 보라색 빛의 산란 강도가 가장 강하고, 붉은빛의 산란 강도가 가장 약하다.

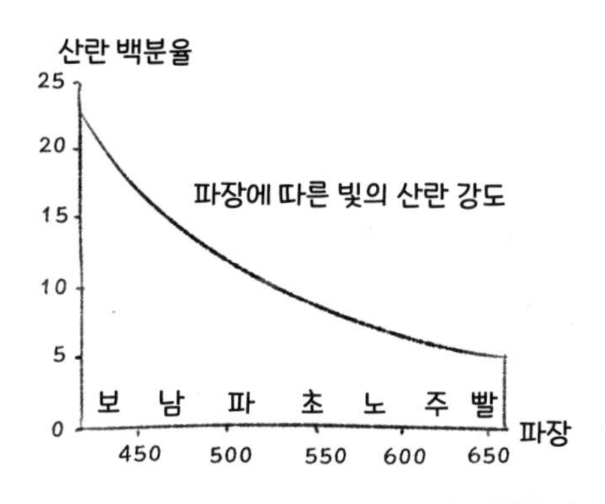

사람의 눈은 상대적으로 노란색과 녹색 빛에 가장 민감한데, 이것은 태양광 중에 에너지가 가장 집중되는 부분이다. 또 세 가지 요소를 합쳐서 사람의 눈이 볼 수 있는 하늘의 색이 바로 파란색이다. 하늘뿐만 아니라 광활한 투명체, 예를 들어 유리, 물 등도 파란색으로 보인다.

아침 해와 저녁 해는 왜 붉은색일까?

태양광은 정오에 수직으로 지면을 비추기 때문에 통과하는 대기층이 비교적 얇다. 대부분의 태양광은 지면에 도달할 수 있고, 흰색으로 보인다.

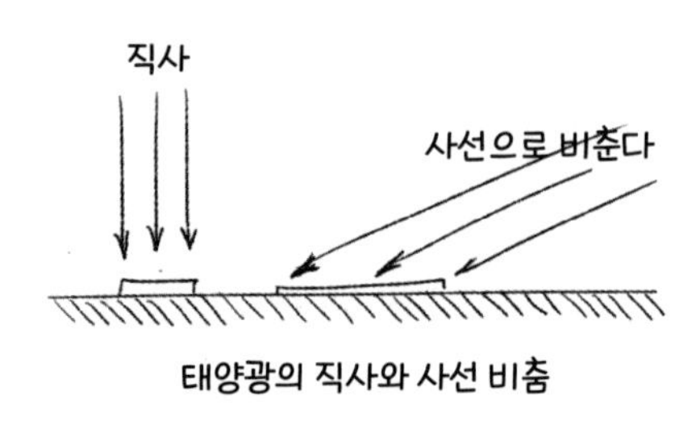

태양광의 직사와 사선 비춤

하지만 아침과 저녁의 태양광은 사선으로 비스듬히 지면을 비추기 때문에 통과하는 경로가 비교적 길다. 이 과정에서 단파장 빛은 산란 강도가 강해서 지구 대기를 지날 때 대부분 산란되고, 산란 강도가 가장 약한 장파장의 빛만 남아서 붉은색을 띤다.

블러드문은 어떻게 생길까?

지구가 태양 빛을 가로막아 지구 뒷면에 본그림자와 반그림자가 생긴다. 태양 빛이 완전히 가려진 곳을 본그림자라 하고, 일부 태양 빛만이 지구에 가려진 것을 반그림자라고 한다.

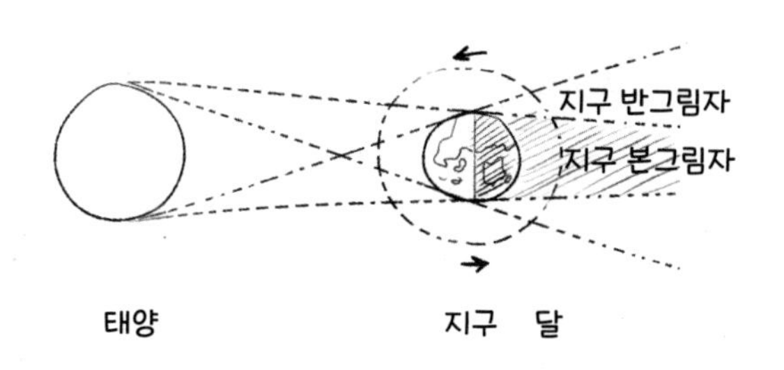

달이 지구의 본그림자에 있을 때는 개기월식皆旣月蝕, 달이 지구의 그림자에 완전히 가려 태양 빛을 받지 못해 어둡게 보이는 현상이 일어나고, 달의 일부는 본그림자에 나머지는 반그림자에 있을 때 부분월식部分月蝕, 지구의 그림자에 의해 달의 일부분이 가려져 보이는 현상이 일어난다. 달이 본그림자를 훑고 지나가면 부분월식 → 개기월식→ 부분월식의 순으로 변화가 일어난다.

자연의 섭리에 따르면 개기월식이 일어날 때 달이 사라져서 보이지 않아야 하지만, 실제로는 붉은 달이 뜬다. 이는 태양광이 지구 표면을 지날 때 대기가 빛을 굴절시켜 볼록렌즈 작용을 해서 원래 평행에 가까운 태양 빛이 안으로 굴절되어 본그림자의 달을 비추기 때문이다.

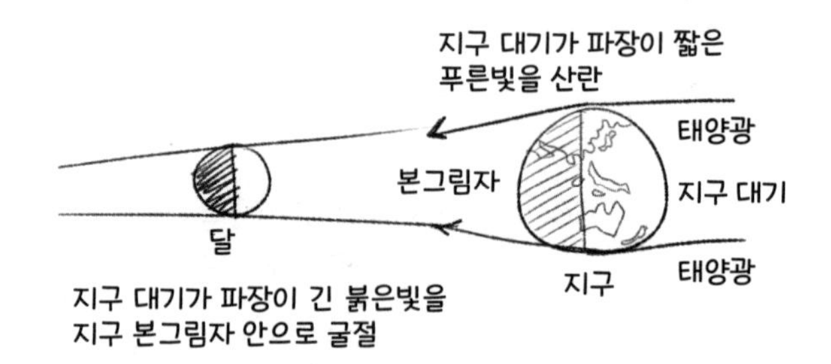

하지만 이때 태양광은 대기 중 긴 경로를 통과해야 하니 산란 강도가 비교적 강한 단파장 빛은 모두 산란되어 파장이 길고 산란 강도가 약한 붉은빛만 통과한다. 그렇기 때문에 붉은빛이 달에 도달해 핏빛이 된다.

'하늘은 왜 파랄까?'라는 질문은 사실 간단하지 않다. 그 안에 심오한 물리적 이치가 담겨 있는 이 질문은 약 100년 전에야 답을 알 수 있게 되었다.

02

별은 왜 흑백으로 보일까?
_ 눈과 시각

밤하늘을 올려보면 밝게 빛나는 수많은 별을 볼 수 있다. 지구 근처의 몇몇 행성 외에 우리가 볼 수 있는 별은 모두 저 멀리 떨어진 항성이다. 이 수많은 별들을 육안으로 볼 때는 흑백으로 보인다. 왜 그럴까?

항성의 색

항성의 색은 대부분 붉은색, 주황색, 노란색, 흰색과 파란색이다. 이는 항성 표면의 온도에 따른 것으로, 온도가 낮은 항성은 붉은색, 온도가 높은 항성은 흰색으로 보인다.

왜 온도에 따라 항성의 색이 달라 보일까?

이를 알려면 앞서 살펴본 흑체복사 문제로 돌아가야 한다. 흑체는 여러 파장의 전자파를 복사한다. 온도가 높을수록 복사 강도가 가장 큰 파장(에너지가 가장 높은 전자파)은 짧아진다.

가시광선 중 붉은빛의 파장이 가장 길고 보라색 빛의 파장이 가장 짧다. 온도가 비교적 낮을 때 항성이 복사한 에너지는 붉은빛으로 집중되어 항성이 붉게 보인다. 온도가 높을 때는 항성이 복사한 에너지가 보라색 쪽으로 집중된다. 하지만 사람의 눈은 보라색에 민감하지 않고 근처의 푸른색에 민감하기 때문에 푸른 항성으로 보인다.

원추세포와 간상세포

별들은 왜 흑백으로 보일까? 그건 사람의 눈 구조 때문이다.

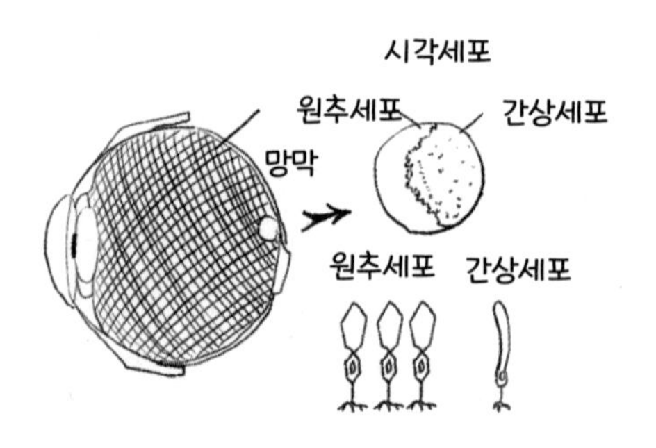

사람의 눈은 카메라와 비슷하다. 각막과 수정체를 통과한 빛은 마치 카메라의 렌즈처럼 광선이 망막 뒷면에 모인다. 망막에는 시각세포視覺細胞, 빛을 받아들여 사물을 볼 수 있게 하는 감각 세포가 있어서 빛을 느낀 뒤에 정보를 대뇌에 전달한다.

시각세포는 원추세포圓錐細胞, 빛을 받아들이고 색을 구별하는 시각 세포와 간상세포 두 가지가 있다. 한쪽 눈에는 약 700만 개의 원추세포가 있고, 원추세포는 3가지 형이 있어 붉은색, 녹색, 푸른색을 흡수한다. 3가지 원추세포가 배합되어 빛을 느끼게 하지만, 원추세포는 강한 빛 아래서만 기능을 발휘한다.

원추세포를 보완하는 간상세포杆狀細胞, 망막에 있는 막대 모양의 세포로, 명암明暗을 감지하는 기능을 함는 한쪽 눈에 약 1.2억 개가 있다. 빛을 감지하는 능력이 원추세포의 백배 정도 뛰어나 강한 빛과 약한 빛에 모두 작용할 수 있다. 하지만 간상세포는 색을 구별할 수 없다.

즉 인간은 강한 빛에서만 원추세포가 작용하여 색을 구분할 수 있고, 약한 빛에서는 간상세포가 작용해 색을 구별할 수 없다. 많은 동물들이 눈에 원추세포가 없어 색을 구분하지 못한다. 그래서 돼지, 개, 소 등은 색을 구분하지 못하고, 그들 눈에 세상은 온통 흑백으로 보인다.

투우사가 붉은 천을 들고 소를 약 올리지만 사실 소는 붉은색에 아무런 느낌이 없다. 단지 사람이 흔드는 천이 소를 약 오르게 할 뿐이다. 투우사가 흔드는 천이 붉은색인 것은 그저 관중들이 더 잘 볼 수 있게 하기 위함이다.

이런 현상은 진화의 결과이다. 많은 동물에게는 자신을 보호하기 위해 야간에도 뚜렷하게 볼 수 있는 시력이 필요하다. 그래서 동물에게는 원추세포보다는 간상세포가 훨씬 더 필요하다. 반면, 대부분의 새들은 사람보다 더 강한 색 분별 능력이 있다. 새들은 색으로 지상의 곤충을 구분해 잡아먹어야 하기 때문이다. 이 역시 진화의 결과이다.

이제 별이 왜 흑백으로 보이는지 알게 되었을 것이다.

멀리 있는 항성이 발하는 빛이 지구에 도달했을 때 그 광선은 이미 힘이 많이 약해진 상태이다. 따라서 간상세포만이 이 별빛을 감지할 수 있고 원추세포는 작용하지 못한다. 간상세포는 색을 구분하지 못하기 때문에 우리가 볼 수 있는 별은 모두 흑백이다.

별이 어두운 별을 집중해서 보다 갑자기 별이 사라져서 보이지 않았던 적이 있을 것이다. 이때 곁눈질로 보면 다시 나타나는 경험을 한 적 있는가? 이는 원추세포와 간상세포가 망막에 균등하게 분포되어 있지 않기 때문이다.

우리 눈은 중앙의 오목한 부근에 원추세포가 밀집되어 있어서 물체의 색을 뚜렷하게 볼 수 있다. 우리가 하나의 물체를 주시할 때 각막과 수정체는 이 위치에 물체의 상을 드리운다. 하지만 이 위치에는 간상세포가 없다. 어두운 곳의 물체는 간상세포만 볼 수 있다. 우리가 어두운 곳에서 어떤 물건을 직접 주시하면 그 모습이 간상세포가 없는 중앙 오목한 곳에 나타나기 때문에 보이지 않는 것이다.

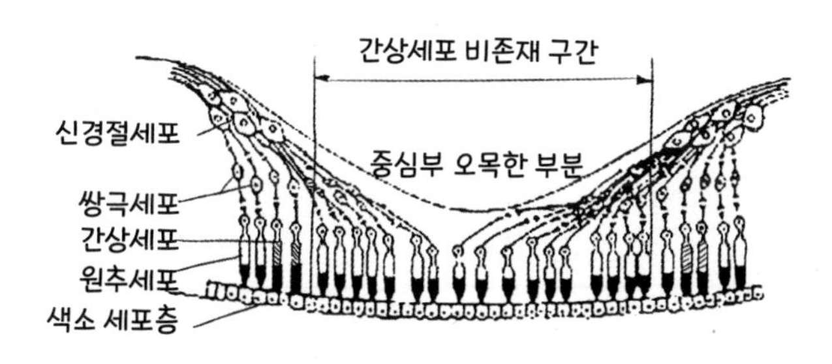

재미있는 광학 실험 : 맹점

눈의 또 다른 신기한 현상 중 하나가 맹점盲點이다.

시각세포가 시신경을 지나 대뇌로 연결하는 길에 시신경이 망막에 모이는 부분을 시신경 유두視神經乳頭라고 한다. 여기는 시각세포가 없어서 물체의 상이 이곳에 맺히면 대뇌가 감지하지 못한다.

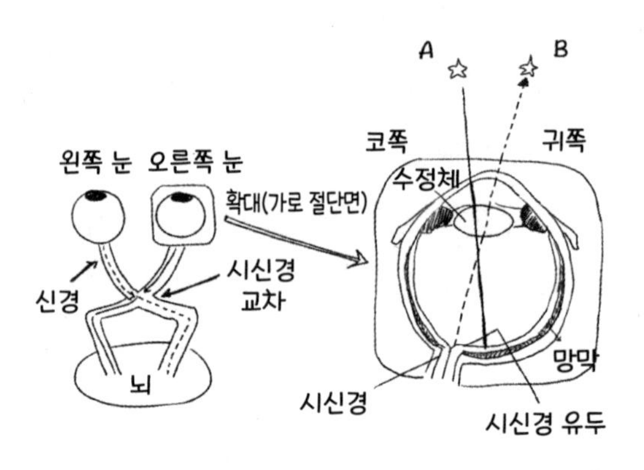

맹점을 찾는 방법은 간단하다. 종이에 10cm 간격으로 두 개의 오각별 *A*와 *B*를 그린 뒤 왼쪽 눈을 감고 오른쪽 눈으로 왼쪽의 오각별 *A*를 관찰한다. 고개를 앞뒤로 이동하여 적당히 거리가 멀어지면 *B*는 시신경 밖으로 벗어나 볼 수 없다.

눈은 매우 신기한 기관이다. 물체가 발사하는 광선이 우리의 눈에 들어오면 우리는 이 풍부하고 다채로운 세계를 느낄 수 있다.

03 비색맹인 부부 사이에서 색맹 자녀가 태어나는 이유는?

_ 유전: 우성 유전자와 열성 유전자

앞장에서 사람의 눈에는 두 가지 시각세포가 있다는 것을 배웠다. 원추세포는 색을 분별하고 간상세포는 색은 분별할 수 없지만, 감광 능력이 강하다. 어류, 조류와 파충류의 망막은 원추세포가 발달해서 색을 분별할 수 있다.

포유동물 중 색을 분별할 수 있는 동물은 많지 않지만, 포유류는 야간 관측 능력이 뛰어난 편이다. 영장류는 색을 분별할 수 있다. 물론 사람도 여기에 포함된다.

하지만 모든 사람의 색 분별 능력이 같은 것은 아니다. 색맹은 영국의 화학자이자 근대 원자론의 창시자인 존 돌턴John Dalton이 발견했기 때문에 '돌터니즘'이라고 부른다.

어느 해 크리스마스 날, 돌턴은 선물로 어머니에게 짙은 회색 양말을 선물했다. 하지만 선물을 받은 어머니는 왜 빨간색 양말을 샀냐며 크게 화를 내셨다. 당시 종교적 관습에 따르면 부녀자는 붉은색 물건을 사용할 수 없었기 때문이다. 그제야 돌턴은 자신의 색 분별 능력이 남들과 다르다는 것을 알게 되었다.

그의 형도 색 분별 능력이 비정상이었으며, 같은 증상을 가진 사람들이 더 있었다. 돌턴은 〈색상을 보는 시각에 대한 놀라운 사실Extraordinary facts relating to the vision of colours〉이라는 논문을 발표했다. 이 논문은 최초의 색각이상色覺異常, 색을 식별하는 감각의 이상. 보통 색맹과 색약을 말함에 대한 논문으로 알려져 있다.

오늘날에는 색맹을 질병이라고 부를 수 없을 만큼 흔한 유전 문제라는 걸 알고 있다. 때로는 특정한 상황에서 색맹인 사람들이 보통 사람들보다 더 환경에 잘 적응하기도 한다. 적록색맹인 사람은 모든 색을 분별하지 못하는 것이 아니라 일부 색에 대한 느낌이 일반 사람과 다를 뿐이다. 모든 색을 구분하지 못하고 세상을 흑백으로만 보는 것을 전색맹이라고한다.

성별은 어떻게 결정될까?

이 문제를 설명하기 위해서는 기본적인 유전학 원리를 살펴보아야 한다. 사람의 특성은 모두 유전자로 인해 결정되며, 유전자는 염색체에 담겨 있다. 인체에는 23쌍의 46개 염색체가 있다. 그 중 22쌍의 염색체를 상염색체常染色體, 생물의 염색체 가운데 성염색체가 아닌 보통 염색체라고 부르고, 다른 한 쌍의 염색체를 성염색체性染色體, 암수의 성性을 결정하는 데 관여하는 염색체. 성 결정의 유형에 따라 X, Y, Z, W 염색체로 구별함라고 부른다. 성염색체는 인간의 성별을 결정한다.

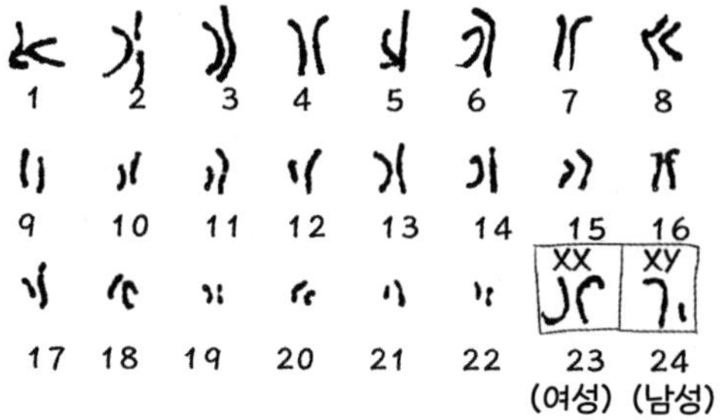

1 2 3 4 5 6 7 8
9 10 11 12 13 14 15 16
XX XY
17 18 19 20 21 22 23 24
(여성) (남성)

여성의 두 성염색체는 크기와 형태가 동일하며 X 염색체라고 한다. 남성의 성염색체 중 하나는 여성과 동일한 X 염색체이고, 크기가 작은 다른 하나는 Y 염색체라고 부른다. 그렇기 때문에 여성을 'XX', 남성을 'XY'라고 표시한다.

성적으로 성숙해지면 남성은 정자를 생성하고, 정자 속에는 23개의 염색체가 있다. 이것은 정상 체세포 염색체 수의 절반이다. 이는 인체의 23쌍의 염색체 중 각 쌍에서 무작위로 하나씩 추출해 형성한 것이다. 23번째 염색체는 X 염색체일 수도 있고 Y 염색체일 수도 있다. 여성이 생성한 난자에는 23개의 염색체가 포함되어 있다. 그중 23번째 염색체는 X 염색체이다. 정자와 난자가 결합해 수정란을 형성해 염색체가 결합하는데, 아기 염색체의 절반은 아버지, 나머지 절반은 어머니에게서 온다. 특히 23번째 염색체의 경우 두 X 염색체가 결합하면 여자 아기가 되고, X 염색체와 Y 염색체가 결합하면 남자 아기가 된다.

우성 유전자와 열성 유전자

염색체의 각종 유전자는 생물체의 특징을 결정하는데, 유전자는 염색체에 대응하는 위치가 존재한다. 그중 영향력이 크고 후대의 성질을 결정하는 것을 우성 유전자優性遺傳子라고 한다. 반대로 영향력이 작고 단독으로 후대의 성질을 결정할 수 없는 것을 열성 유전자劣性遺傳子라고 한다.

A는 우성 유전자를 나타내고, a는 열성 유전자를 나타낸다. 한 쌍의 유전자는 AA, Aa, aA, aa 네 종류가 가능하다. 우성 유전자를 하나라도 보유하고 있으면 생물체는 우성 특징을 드러낸다. 예를 들어 AA, Aa, aA가 그렇다. 한 쌍의 유전자가 모두 열성 유전자 aa 일 때만 생물체는 열성 특징을 드러낸다. 예를 들어 쌍꺼풀은 우성 특징이고, 홑겹은 열성 특징이다.

일부 유전 특징의 유전자가 성염색체에 있는 것을 반성유전伴性遺傳이라고 한다. 색맹은 전형적인 반성유전이다. 색 감각을 통제하는 유전자는 성염색체 중의 X 염색체에만 있고, 정상 색 감각은 우성이며 색 이상은 열성이다.

A를 정상 색 감각 유전자라 표시하고 a는 색맹 유전자라면, 남성은 X 염색체가 하나이기 때문에 색 감각 유전자를 보유하는 상황은 오직 X^AY와 X^aY밖에 없다. X^AY는 우성이고, X^aY는 열성 특징인 색맹이다.

여성에게는 두 개의 X 염색체가 있어 색 감각 유전자를 보유할 상황은 4가지가 된다. X^AX^A, X^AX^a, X^aX^A, X^aX^a이중 앞의 3종류는 우성 유전자 A 때문에 색 감각이 정상이고, 4번째 유전자의 색 감각 유전자는 모두 열성으로 색맹이다.

여성은 두 개의 X 염색체가 있어 정상 색 감각 유전자 A만 있으면 색맹이 아니다. 남성은 하나의 염색체 X만 있다. 이때 색맹 유전자 a가 있으면 색맹이 된다. 그래서 남성의 색맹 비율이 여성보다 높다. 전 세계의 남성 중 적록색맹은 8%이고, 여성 중 적록색맹 비율은 약 0.5%로 색맹이 될 확률은 왼손잡이가 될 확률보다 높다.

반성유전의 규칙

부모가 색맹이면 아기도 색맹이 될까? 두 가지 전형적인 상황을 분석해 보자.

예를 들어 완전 정상인 여성(X^AX^A)과 색맹인 남성(X^aY)이 결합했다고 하자. 아기의 성염색체 중의 하나는 어머니에게서 오고 나머지 하나는 아버지에게서 온다. 어머니는 X^A염색체를 내놓았고 아버지는 X^a염색체이거나 Y 염색체일 수도 있다.

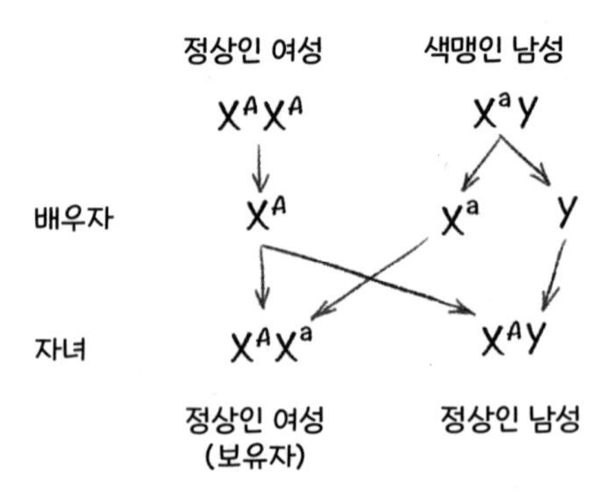

여자 아기라면 X^AX^a가 되고, 아기는 정상이더라도 색맹 유전자가 있어, 자신의 다음 세대에게 색맹 유전자를 물려줄 수 있다. 남자 아기라면 X^AY가 되어 아기는 정상이고 아버지의 색맹 유전자에서 벗어나며, 유전자상으로도 완벽히 정상이 된다.

정리하면, 완전히 정상인 여성과 색맹인 남성이 결혼해서 태어난 아기는 정상적으로 태어난다. 하지만 부부의 딸은 색맹 유전자를 갖게 된다.

만일 색맹인 여성(X^aX^a)과 정상인 남성(X^AY)이 결혼하면 어떨까? 여성이 주는 성염색체 하나는 반드시 X^a이고 남성이 주는 성염색체는 X^A거나 Y이다.

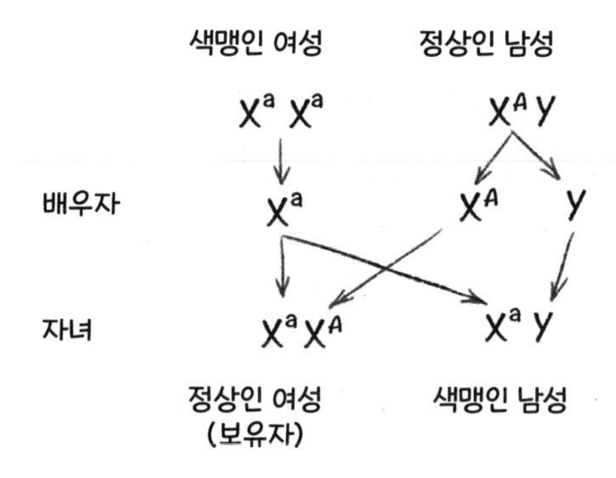

아기가 딸이라면 성염색체는 X^aX^A가 되어 겉으로는 정상이어도 색맹 유전자를 갖게 된다. 아기가 아들이라면 성염색체는 X^aY

가 되어 아들은 열성인 색맹 유전자 a를 가진 색맹이 된다. 정리하면 엄마가 색맹이면, 아들은 반드시 색맹이 된다.

'우리 부모님은 모두 비색맹인데, 나는 왜 색맹이죠?'라고 질문하는 사람도 있을 것이다. 그건 당신의 어머니가 색맹 유전자를 보유한 X^AX^a이고, 아버지는 X^AY이기 때문이다. 이때 여자 아기를 낳으면 성염색체는 X^AX^A거나 X^aX^A로 정상으로 태어나겠지만, 남자 아기라면 X^AY거나 X^aY가 되어 정상이거나 색맹이 될 수 있다. 엄마가 색맹 유전자 보유자라면 자녀는 1/4의 확률로 색맹이며 자녀가 아들이라면 그 확률은 1/2이 된다.

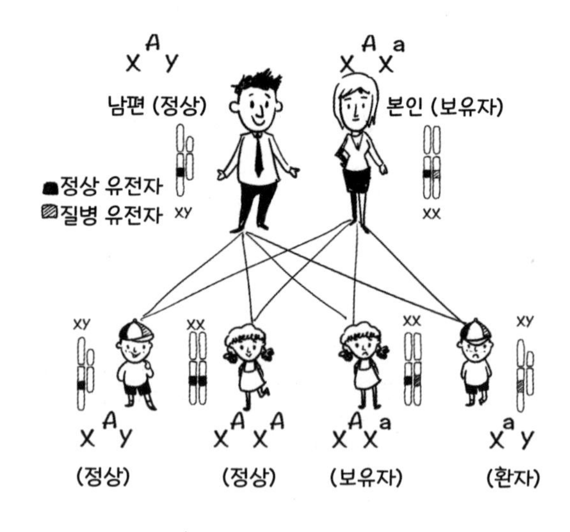

절대다수의 유전적 결함은 생물의 진화 과정에서 모두 도태된

다. 하지만 색맹이 긴 시간 동안 유지되었던 이유는, 생활에 가장 영향을 끼치지 않는 유전적 결함이기 때문이다. 게다가 색맹은 암흑이나 특정한 상황에서 정상인보다 더 시력이 좋아지기도 한다.

04 쌍무지개는 어떻게 생길까?
_ 빛의 분산 원리

비가 그친 후 날이 개면 아름다운 무지개가 뜨곤 하는데, 때로는 쌍무지개가 한 번에 나타나기도 한다. 이를 자세히 관찰해 본 사람이라면 아래쪽 무지개는 바깥쪽이 붉은색, 안쪽은 보라색이고, 위쪽 무지개는 안쪽이 붉은색, 바깥쪽이 보라색인 것을 발견했을 것이다. 이런 현상은 어떻게 생길까?

빛의 굴절

무지개가 생기는 과정을 설명하려면 빛의 굴절부터 설명해야 한다.

빛이 하나의 매질媒質, 어떤 파동 또는 물리적 작용을 한 곳에서 다른 곳으로 옮겨 주는 매개물. 음파를 전달하는 공기, 탄성파를 전달하는 탄성체 등에서 사선으로 다른 매질을 비출 때 전파의 방향에 변화가 생긴다. 예를 들어 공기 중의 광선이 물로 들어가면 빛은 수면의 수직축에 가까워진다. 이 축을 '법선法線'이라고 부른다.

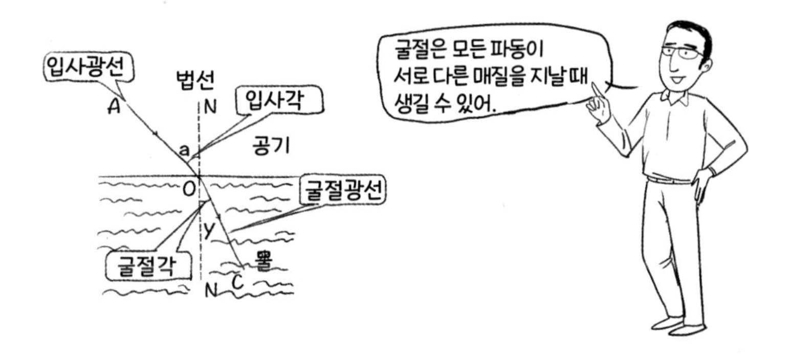

처음으로 굴절 현상을 정확하게 설명한 사람은 네덜란드의 물리학자 하위헌스이다.

그는 파동에 굴절이 생기는 이유에 대해 '다른 매질을 지나는 파동의 전파 속도가 다르기 때문'이라고 설명했다. 이 말은, 빛은 공기 중에서는 전파 속도가 빠르지만, 수중에서는 느리다는 뜻이다.

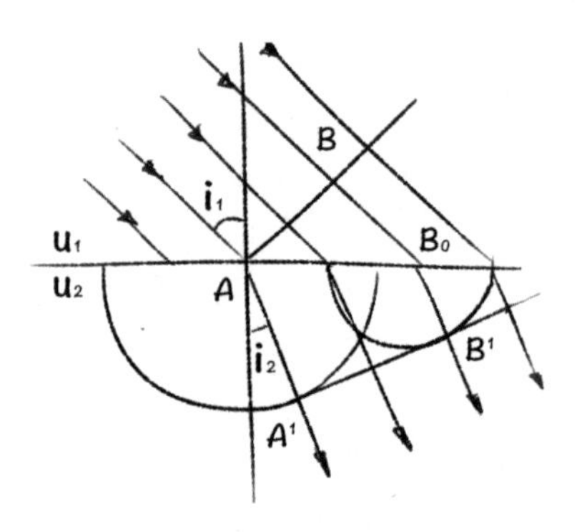

위의 그림에서 알 수 있듯이 평행으로 비추는 빛이 두 종류 매질의 경계면을 비출 때 각 광선은 동시에 경계면에 도달하지 않는다. 아래쪽 광선이 먼저 경계면 A에 도달했을 때 위쪽 광선은 겨우 B에 도달한다. 이후 광선 A는 두 번째 매질에 전파하고, 광선 B는 계속 첫 번째 매질에 전파한다. 두 번째 매질 중 빛의 전파 속도가 느려 B 광선이 B에서 경계면 B_0에 전파될 때 광선 A는 A에서 A'까지 전파된다. 게다가 $AA' < BB_0$로 광선이 굴절된다. 이는 마치 아스팔트를 달리던 자동차의 오른쪽 바퀴가 진흙탕에 들어서는 순간 자동차의 운동 방향이 바뀌는 것과 같다.

빛의 분산

빛이 매질을 지날 때 속도는 주로 매질의 성질이 결정한다. 예를 들어 수중에서의 광속은 진공의 3/4이고, 유리를 지나는 광속은 진공의 2/3이다. 하지만 동일한 종류의 매질이라도 빛의 색에 따라 전파속도에 차이가 생기고, 빛이 굴절할 때의 굴절 정도가 다르다.

태양 백광은 빨, 주, 노, 초, 파, 남, 보 일곱 가지 색의 단색광으로 구성된다. 만일 백광이 매질에 들어가면 빛의 색에 따라 굴절 정도가 다르기 때문에 빛이 발산할 때 백색이 아닌 일곱 가지 색으로 나뉘게 된다. 이 현상은 뉴턴이 처음 발견한 것으로, '빛의 분산'이라고 한다.

뉴턴은 프리즘을 통과한 빛이 일곱 가지 색으로 비추는 것을 발견했다. 원래의 입사 방향과 비교해 보니 붉은빛의 굴절 정도가 가장 작고, 보라색 빛의 굴절 정도가 가장 컸다. 이 규칙은 어떠한 매질에서 굴절해도 모두 적용되었다.

공기 중에 작은 물방울이 있을 때는 빛이 물방울에 들어가 굴절과 반사 현상이 일어난다. 색에 따라 빛의 굴절 정도가 달라지고 각각의 색의 빛은 서로 섞이지 않고 나뉘기 때문에 여러 색의 무지개를 볼 수 있게 된다.

무지개가 만들어지는 원리

무지개는 어떻게 만들어질까?

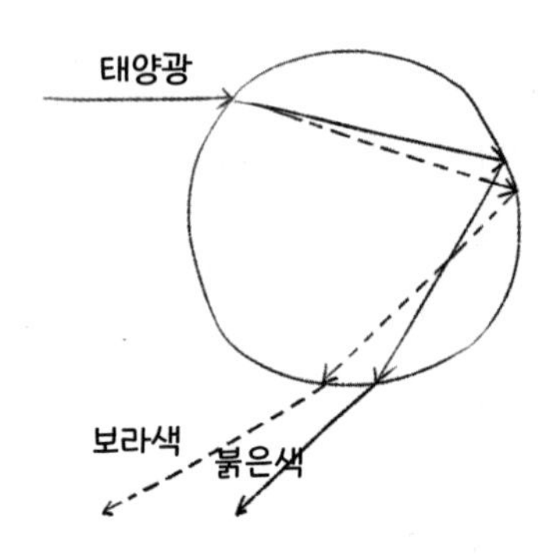

빛은 우선 첫 번째 굴절을 통해 물방울에 들어가고, 다시 반사와 굴절을 통해 물방울에서 나온다. 이때 하나의 물방울에서 분산되며 여기에서 나온 빛은 보랏빛이 굴절 정도가 커 수평에 가깝다. 붉은빛은 굴절 정도가 작아 수직에 가깝기 때문에 보랏빛이 위에, 붉은빛이 아래로 가는 것이다. 붉은빛에서 보랏빛 사이에 주황, 노랑, 초록, 파랑, 남색의 빛이 분포한다. 공기 중 분포한 수많은 물방울이 모두 비슷한 효과를 만든다.

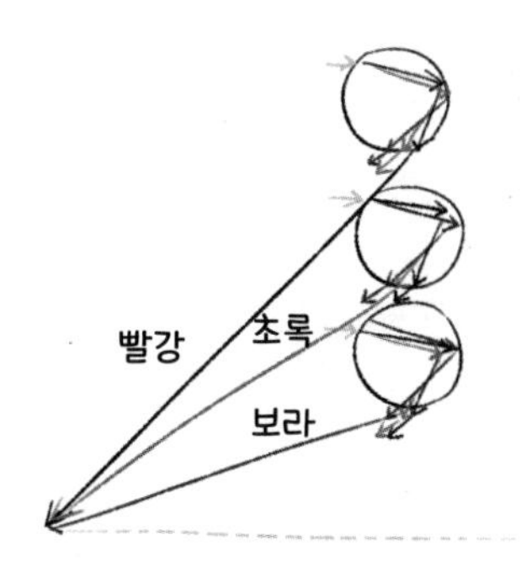

이때 주의할 점은, 하나의 물방울에서 나온 빛이 전부 우리의 눈에 들어오는 것은 아니라는 것이다. 하나의 물방울에서 분산된 광선은 서로 다른 방향으로 발사되기 때문이다.

우리가 보는 것은 서로 다른 물방울이 발사한 빛이다. 우리 눈에 보이는 가장 위쪽의 빛은 상대적으로 굴절각이 가장 작아 수직에 가까운 붉은색이고, 가장 아래쪽의 빛은 굴절각이 커서 수평에 가까운 보라색이 된다. 그래서 우리는 바깥이 붉고 안쪽이 보라색인 무지개를 볼 수 있다.

쌍무지개가 만들어지는 원리

쌍무지개의 형성 원인도 비슷하다. 단지 광선이 물방울에서 두 번의 굴절과 두 번의 반사를 할 뿐이다.

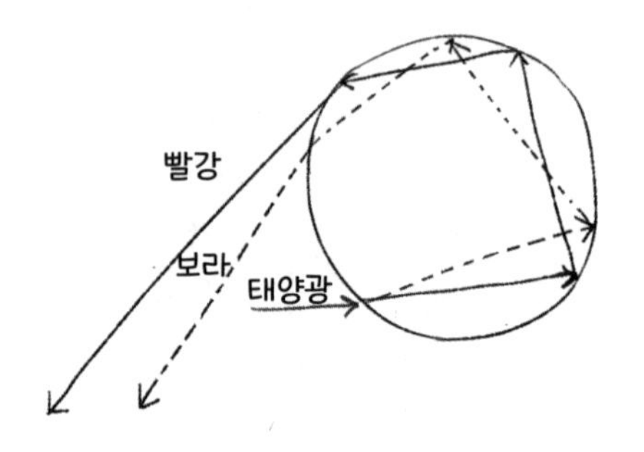

그림 같은 상황에서 붉은빛의 굴절 정도가 작아, 굴절 후 나온 빛은 수평에 가깝다. 보랏빛은 굴절 정도가 커서 거쳐 나올 때 수직에 가깝다. 그래서 바깥은 보라색, 안쪽이 붉은색으로 만들어진다.

일반적으로 두 무지개는 같이 나타나며, 이차 무지개쌍무지개에서 빛이 엷고 흐린 무지개가 더 높이 뜬다. 이차 무지개가 한 번 더 반사해서 일차 무지개보다 훨씬 약하기 때문에 사람들은 무지개가 하나만 떴다고 생각한다.

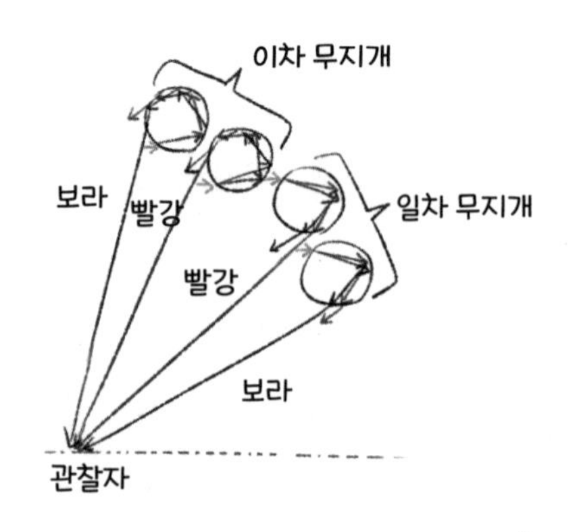

아름다운 무지개는 사람들에게 많은 환상을 품게 했다. 고대 그리스 사람들은 무지개 여신인 이리스를 제우스가 보낸 사신이라고 생각했다. 오직 과학만이 자연 현상의 진상을 이해하게 한다.

05 왜 길 위에 물이 있는 것처럼 보일까?
_ 신기루의 원리

여름날 전방 도로에 물이 있는 것처럼 보여 앞 차량의 그림자까지 드리운 것을 본 경험이 있을 것이다. 하지만 다가가서 보면 도로에는 아무것도 없다. 이는 환상을 본 것이 아닌, 빛의 굴절과 전반사全反射 현상과 관련 있다. 우리는 이것을 '신기루'라고 부른다.

스넬의 법칙

1621년 네덜란드의 천문학자이자 수학자인 빌레브로르트 판 로에이언 스넬Willebrord van Roijen Snell이 빛이 휘는 정도는 굴절물질의 성질과 관계가 있다는 굴절법칙을 발견했다. 그래서 이 법칙은 그의 이름을 따서 '스넬의 법칙'이라고도 한다. 스넬의 법칙은 주로 빛의 굴절과 반사 현상에 기초를 둔 광학의 한 분야인 기하광학의 바탕이 되었다.

우리는 앞장에서 빛이 다른 매질 간에 전파될 때 전파 방향에 변화가 생긴다고 배웠다. 예를 들어 빛이 공기 중에서 물로 들어갈 때 굴절이 일어난다. 굴절이 일어나는 원인은 다른 매질에서 전파되는 빛의 속도가 다르기 때문이다. 굴절률 n으로 빛이 매질에 따라 속도가 달라짐을 표시했다. 굴절률 n은 진공 속에서의 빛의 속도 c와 매질 중 광속 v의 비이다. $n=\frac{c}{v}$이고, 매질의 굴절률 n이 클수록 빛이 매질 중 전파되는 속도 v는 느리다.

진공 속에서 빛의 속도는 $v=c$, 굴절률은 $n=1$이다. 공기 중 광속은 진공 중 광속의 근사치이다. 따라서 다른 매질 중 광속은 진공 중 광속보다 작고, 굴절률은 $n>1$이다.

매질	굴절률
공기	1.0003
얼음	1.309
물(20℃)	1.333
일반 알코올	1.360
밀가루	1.434
유리	1.500
비취	1.570
홍옥석	1.770
수정	2.000
다이아몬드	2.471

위의 표의 굴절률은 매질의 종류에 따른 평균 굴절률이다. 굴절률은 매질의 재료에 따라 결정된다. 하지만 빛의 파장도 어느 정도 관계가 있다.

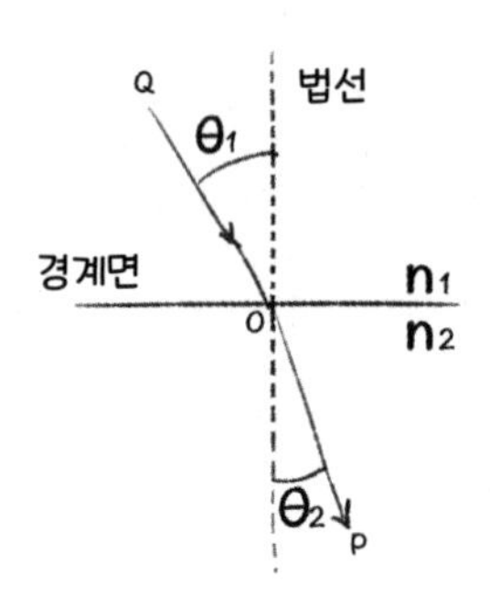

$$n_1\sin\theta_1 = n_2\sin\theta_2$$

n은 굴절률, θ은 매질 중 광선과 법선의 각도, $\sin\theta$은 사인함수이다. 0~90° 구간 내는 플러스 함수, 즉 각도 θ가 클수록 $\sin\theta$도 커진다. 이 공식을 통해 매질의 굴절률 n이 크면 매질 중의 각도 θ는 작고, 이런 매질을 '밀한 매질'이라고 한다. 매질의 굴절률 n이 작으면 매질 중의 θ각도는 크고, 이런 매질을 '소한 매질'이라고 한다.

예를 들어 공기는 물에 비하면 상대적으로 소한 매질이고, 물은 공기에 비하면 상대적으로 밀한 매질에 속한다. 빛이 공기를 지나 물에 들어가면 굴절률이 커지고 굴절각이 입사각보다 작기 때문에 법선을 향해 굴절된다.

전반사 현상

수중에서 공기 중으로 빛을 쏘면 상황은 어떻게 될까? 물은 밀한 매질이기 때문에 굴절각이 비교적 작고, 공기는 소한 매질로 굴절각이 크다. 따라서 광선은 수면 쪽으로 굴절된다. 수중 광선의 입사각이 커지면 공기 중의 굴절각도 커진다. 이렇게 입사각이 계속 커지면 기이한 현상이 벌어지는데 굴절되는 빛이 사라지고 반사되는 빛만 남는다. 이런 현상을 '전반사'라고 한다.

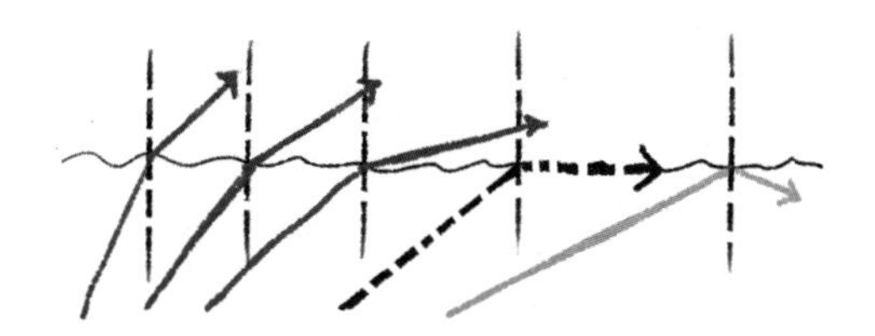

빛이 다른 각도로 수면을 비추는 모습

전반사는 생활 속에서 여러 방면에 응용된다. 광섬유도 코어와 클래딩 사이를 반복적으로 전반사하는 전파 신호를 이용한 것이다.

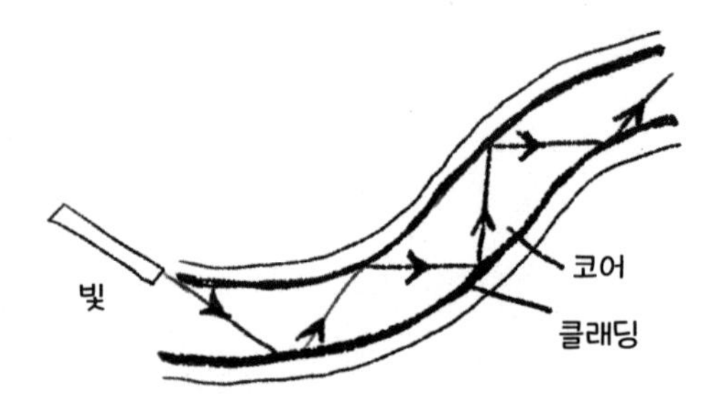

신기루

신기루는 굴절 현상으로, 주로 바다와 사막에서 볼 수 있다.

바다의 해수는 비열용량이 크다. 즉 태양 빛을 받을 때 해수의 온도는 쉽게 상승하지 않는다. 강렬한 태양이 내리쬘 때 해수에 가까운 곳의 공기는 온도가 비교적 낮고 밀도가 높아 굴절률이 높은 밀한 매질이다. 고층의 공기는 온도가 높고 공기가 열팽창을 해서 밀도는 낮고 굴절률도 작은 소한 매질이다. 빛을 밀한 매질에서 소한 매질로 비추면, 수중에서 공기 중으로 빛을 쏘는 것처럼 굴절각이 커지고 빛은 수평에 가까워진다. 만일 해수면에 배가 한 척 있다면 이 배를 반사한 빛이 위로 비쳐 서로 다른 공기층 사이에서 굴절이 일어난다.

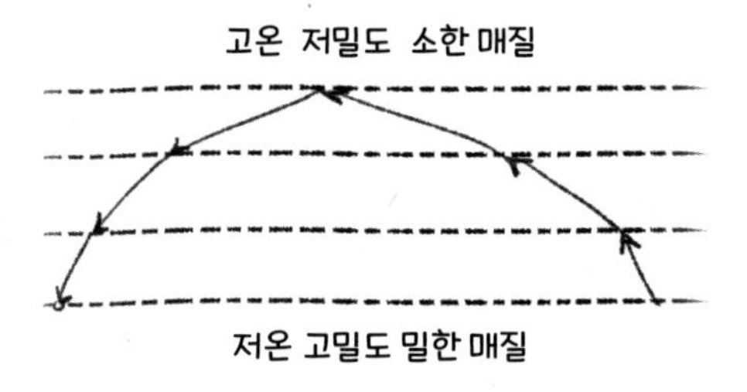

아직 전반사가 발생하지 않았을 때 빛이 눈에 들어오면, 사람의 눈은 물체가 저 멀리 높은 곳에 있다고 여겨 신기루를 형성한다. 만일 빛이 전파되는 과정에 전반사가 발생하면 사람들은 빛을 역으로 보게 되어 거꾸로 뒤집힌 신기루를 보게 된다.

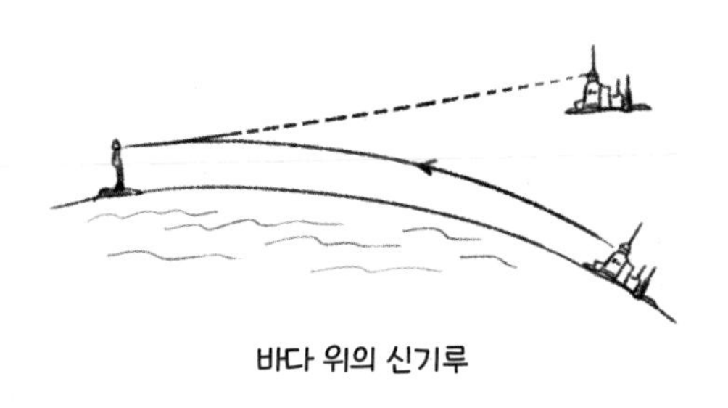

바다 위의 신기루

사막에서 보는 신기루의 원인은 바다와 반대이다. 사막에 가까운 곳의 공기는 모래의 비열용량이 작아 온도가 높고 공기가 열팽창해서 밀도와 굴절률이 작은 소한 매질이다. 모래에서 먼 상층의 공기는 온도가 상대적으로 낮고 공기 밀도도 상대적으로 높으며 굴절률 역시 높은 밀한 매질을 형성한다. 빛이 위에서 아래로 내리쬘 때 밀한 매질에서 소한 매질로 들어가 굴절각이 커지고 수평선에 가까워진다. 굴절각이 어느 선까지 커지면 전반사가 위쪽으로 발생한다.

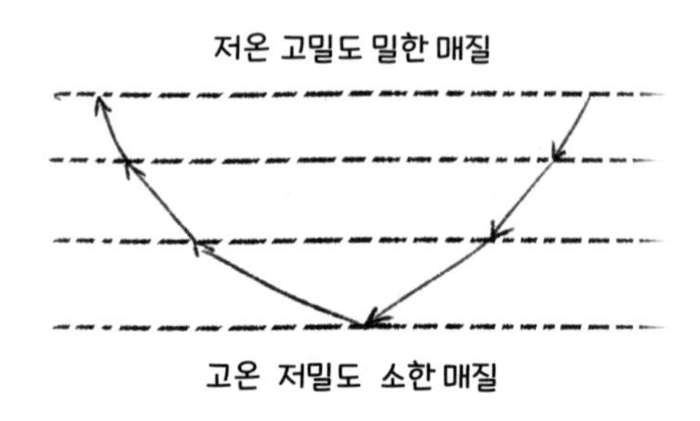

예를 들어 하늘을 떠다니는 구름을 반사하는 빛이 굴절과 전반사를 거쳐 지면의 사람에게 관찰된다. 뇌는 빛이 여전히 직선으로 전파된다고 인식하기 때문에 구름이 땅 위에 있다고 여긴다. 구름은 땅에 있을 수 없어서 사람들은 지면에 빛을 반사하는 물질인 물이 있다고 여긴다. 이것이 사막의 신기루 원리이다. 사막의 모래 온도가 너무 높아 신기루를 형성하는 빛이 모래에 가까워지면 전반사가 일어나고, 사막의 신기루는 모두 거꾸로 보인다.

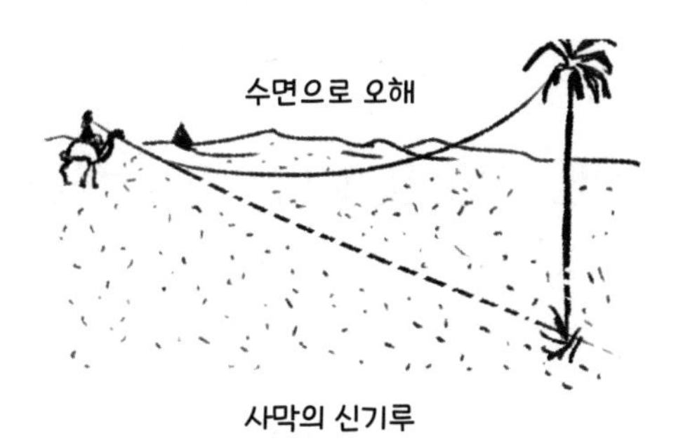

사막의 신기루

여름날 도로의 온도도 높기 때문에 사막과 같은 효과가 생긴다. 지면에 가까운 곳에서 빛이 전반사를 일으켜 차량의 거꾸로 된 그림자를 반사하는 것을 사람들은 지면에 물이 있다고 잘못 인식하는 것이다. 다음에 이런 현상을 보게 되면 자기 눈에 속지 말자!

06 어느 쪽이 비를 더 많이 맞을까?
_ 수학 모델

비가 오는 날, 우산이나 비를 피할 곳이 없을 때 당신은 빗속을 걸을 것인가 아니면 뛸 것인가?

이 문제에는 비의 양, 바람의 속도, 사람의 속도, 사람의 표면면적과 형태 등 실험 결과에 영향을 미치는 요소가 많다. 특히 빗방울이 떨어질 때 불균등하게 떨어지기 때문에 임의의 변수가 매우 크다.

물리 모델

여기서 간단한 물리 모델로 분석해 보자. 과학에서 모델이란 실제로 복잡한 문제에서 가장 핵심 내용을 뽑아내고 기타 중요하지 않은 영향 요소는 제외하는 것이다. 예를 들어 태양을 도는 지구 운동을 분석하려면 지구를 하나의 점으로 간주하고 지면 위의 산천 등은 관여하지 않는다. 모델을 만들려면 반드시 가설을 세워야 한다. 이때, 가설은 실제 상황과 완전히 일치하지 않을 수도 있다.

가설 1: 비는 균등하게 내리며 밀도도 균등하다. 단위 부피 내 비의 질량은 P라 한다.

가설 2: 바람이 없다. 빗방울은 균일한 속도로 떨어진다. 속도는 v라 한다.

가설 3: 사람은 균일한 속도로 운동한다. 운동 속도는 u라고 한다.

가설 4: 사람의 신체를 직육면체라고 간주한다.

이때, 신체 앞부분의 면적을 S_1, 정수리 부분 면적을 S_2라고 한다.

가설 5: 사람의 목표는 A에서 B로 가는 것이고 그 거리는 L이다.

이상의 가설을 세운 뒤 계산을 할 수 있다.

사람이 빗속에서 앞을 향해 운동하면 정수리에 비를 맞고 몸의 앞부분도 비에 젖게 된다. 이 두 부분을 계산해 보자.

기본 분석

우선 비가 어떤 방향으로 사람의 몸에 떨어지는지 연구해야 한다. 지면을 참조물로 한다면 사람은 운동을 하고 비도 운동을 하기 때문에 문제가 복잡해질 수 있다. 그러니 사람을 참조물로 바꾼다. 이렇게 하면 사람은 정지한 채 움직이지 않는 것으로 간주한다. 빗방울은 수직 방향으로 떨어지는 속도 v와 옆으로 충돌하는 속도 u를 가지며, 사람에게 사선으로 내리는 운동을 하며 떨어진다.

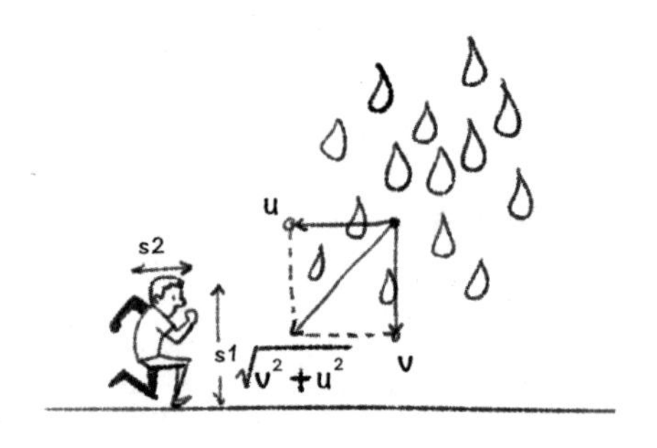

사람이 A에서 B로 가는 과정에서 빗방울이 사람에게 사선 방향으로 균일한 속도로 직선운동을 하면 사람 몸에 떨어지는 빗방울(정수리의 삼각형 형태는 무시한다)은 모두 평행사변형 안에 들어간다.

아래 그림의 ACDE부분이다. 이 빗방울들이 사람이 달려갈 때 몸에 맞게 되는 빗방울이다.

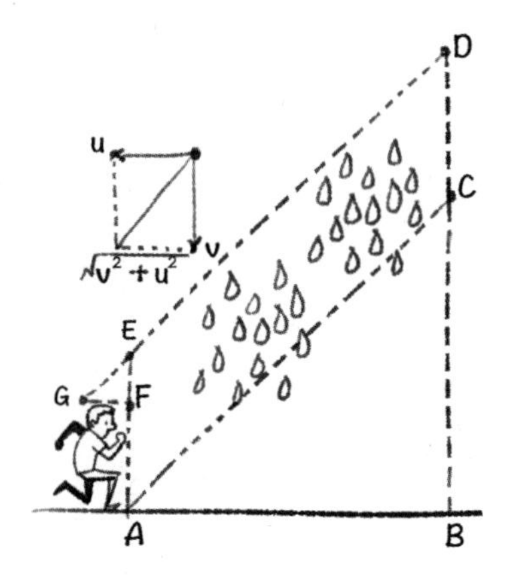

이 빗각기둥의 바닥 면적은 사람이 비를 맞을 때의 절단 면적 S이고, 그림 중 AE 부분으로 표시된다. 기둥의 높이는 AB 사이의 거리 AB=L이다. 기둥의 부피 공식으로 빗방울의 부피 $V=SL$을 구할 수 있으며 단위 부피의 빗방울 질량은 P이므로 최종적으로 사람의 몸에 떨어지는 빗방울의 총량은 $m=PSL$이다.

어떻게 하면 비를 적게 맞을 수 있을까?

아무리 빠른 속도로 달려도 AB 사이의 거리 L은 일정하다. 하지만 달리는 속도가 달라지면 사람에 대한 빗방울의 방향이 달라지기 때문에 빗각기둥의 경사 정도와 절단 면적 S가 달라진다.

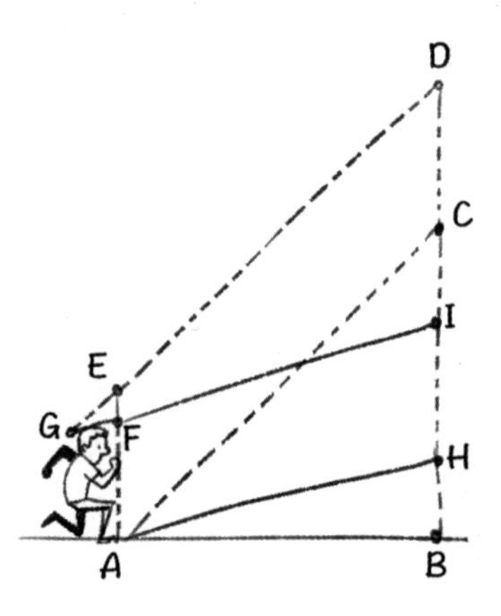

위의 그림처럼 사람이 달리는 속도가 빠르면 사람에 대한 빗방울의 방향이 더 수평으로 접근한다. 그러면 사람이 비를 맞는 절단 면적은 AF 부분이 된다. 달리는 속도가 느리면 사람에 대한 빗방울의 방향이 수직에 더 가까워져 비를 맞는 면적은 AE 부분이 된다.

AFIH와 AEDC의 높이는 같지만, AF의 절단 면적과 부피가 작기 때문에 비의 질량 역시 더 작다. 즉 사람이 더 빠른 속도로 달릴 때 비를 적게 맞는다. 만일 사람이 무한대의 속도로 달리면 머리에는 빗방울을 하나도 맞지 않고 전부 신체 앞부분에 맞게 될 것이다.

비를 더 적게 맞을 순 없을까?

만일 사람이 최대 속도로 달릴 수 있다면 비를 맞는 양이 줄어들까?

사람의 정수리 면적은 신체 전반부 면적보다 작기 때문에 몸을 기울여 비를 맞으면 빗방울이 닿는 면적을 더 줄일 수 있다.

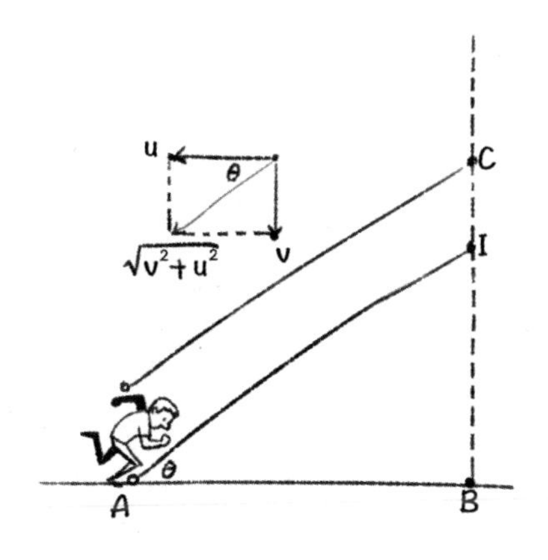

비를 맞는 가장 적은 바닥 면적을 구하고 싶으면 완전히 정수리 면적으로 비를 맞아야 하며 이때 사람의 경사 정도는 사람에 대한 비의 방향과 평행을 이루어야 한다. 위의 그림에서 보이듯이 이 각도는 삼각함수 $\tan\theta = \frac{v}{u}$로 표시할 수 있다. 이때 사람이 달리는 속도와 빗방울이 떨어지는 속도가 같다면, 몸의 경사는 45°가 가장 좋다.

정리하면, 일정한 조건에서 최대한 빠른 속도로 달리면서 몸을 앞으로 기울이면, 비를 덜 맞을 수 있다. 만약 정교하게 몸의 각도를 조정할 수 있다면 정수리에만 비를 맞게 되므로 머리 부분만 가릴 수 있는 작은 연잎 하나만 있어도 몸에는 비를 한 방울도 맞지 않을 수 있다.

07 전기레인지는 어떻게 음식을 가열할까?

_ 와류의 생성과 응용

전기레인지는 전자기 유도로 생기는 와류渦流로 음식물을 가열한다. 전기레인지는 열효율이 높고, 표면이 깨끗하며, 유독물질인 일산화탄소를 생성하지 않아 화력이 안정적이고 쉽게 조절할 수 있어 전기스토브나 가스레인지에 비해 성능이 훨씬 더 뛰어나다.

와류

전기레인지는 어떤 일을 할까? 패러데이는 자기장이 변화할 때 도체에 유도 전류가 생성되는 전자기 유도 현상을 최초로 발견했다. 이후 맥스웰은 변화한 자기장이 주위 공간에 전기장을 생성하기 때문에 전자기 유도가 생성되는 것이 아닐까 추측했다. 이런 전기장은 자기장을 수직으로 통과하며 시작과 끝이 연결되어 있는데, 이를 '유도 전기장誘導電氣場'이라고 부른다. 유도 전기장이 도체에 저장되면 전기장은 전하 운동을 일으켜 와류 전류를 생성한다.

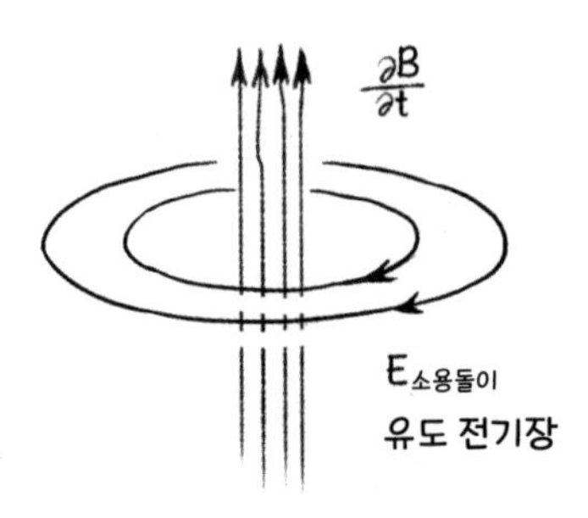

전기레인지는 이 원리를 이용해 제작된다. 전기레인지 내부에 50Hz의 교류를 직류로 전환시킨 후 다시 20kHz가량의 고주파 전류로 바꾼다. 전기레인지 바닥의 코일로 고주파 전류가 흘러 들어가면 고주파 자기장이 생성된다.

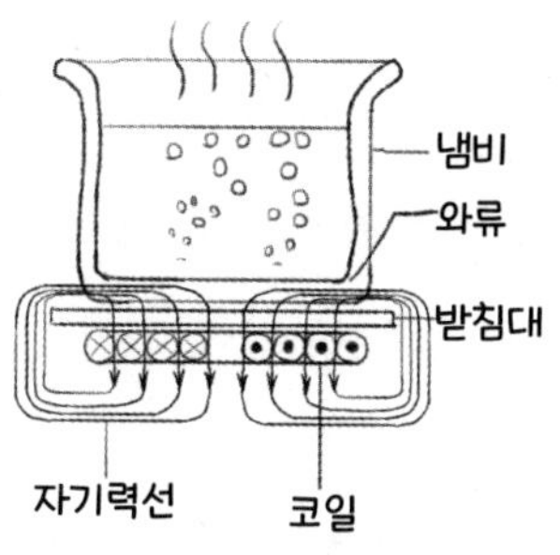

전기레인지의 가열 원리

코일이 생성한 고주파 자기장은 주변에 고주파 전기장을 생성한다. 이 전기장이 도체인 냄비 바닥을 만나면 와류가 생성된다. 철 냄비의 전기 저항 현상으로 와류가 생성되어 발열하게 되는 것이다. 다시 말해 전기레인지의 가열 원리는 냄비 바닥이 직접 전류를 생성해 음식물을 가열하는 것으로, 전기레인지 바닥의 발열량은 매우 적다. 그러나 냄비 바닥의 열량은 대부분 음식물에 흡수되기 때문에 매우 효율적이다. 통계에 의하면 전기레인지의 에너지 전환 효율은 90%에 달하며 전기스토브의 에너지 전환 효율은 70%이다. 반면에 가스레인지는 주변 공기를 가열하기 때문에 열효율이 30%밖에 되지 않는다. 전기레인지를 켜고 냄비를 올려두지 않으면 유도전기장 부근에 도체가 없어서 전류가 생성되지 않고 발열도 되지 않는다. 이때 전기레인지의 경보가 울리는 동시에 단전이 되기 때문에 가스레인지보다 훨씬 안전하다.

전기레인지는 두 가지 이유로 철 냄비나 스테인리스 냄비를 사용한다.

① 철 냄비는 전기가 통한다. 사기 냄비를 사용하면 전도가 되지 않기 때문에 와류가 생성되지 않는다.

② 철 냄비는 강자성強磁性이 있다. 강자성의 사전적 의미는, 물체가 외부의 자기장에 의하여 강하게 자기화磁氣化 되어, 자기장을 없애도 자기화가 그대로 남아 있는 성질을 말한다.

고주파 전류가 생성한 자기장이 강화되면 더욱 강한 유도 전기장이 생성될 수 있어 전류가 강해진다. 구리 냄비나 알루미늄 냄비를 사용하면 강자성이 없어서 자기장을 강화시키지 못하고 유도 전기장도 약하다.

전기레인지는 인체에 해로운가?

전기레인지는 고주파 자기장을 생성하기 때문에 전자파가 나온다. 하지만 전기레인지의 전자파는 2만 Hz 정도밖에 되지 않아 20억 Hz나 되는 전자레인지에 비하면 10배나 낮다. 게다가 전기레인지의 전자파 복사 범위도 작아 전기레인지 근처의 아주 작은 범위에 국한될 뿐이라 일반 사람들에게 해를 끼칠 정도가 아니다. 하지만 이런 전자파는 일부 전자 설비에 영향을 줄 수 있기 때문에 심장 박동기를 달고 있는 사람은 되도록 전기레인지와 멀리 떨어지는 것이 좋다.

와류의 응용과 해로움

와류는 전기레인지 외에도 우리 생활 속에서 다양하게 쓰인다. 예를 들면 공항에서 안전 검사를 할 때 사용하는 금속 탐지기의 원리도 전기레인지와 같다.

금속 탐지기 내부에는 코일이 있어 교류 전기가 통과할 때 자기장의 변화로 와류 전류가 생성된다. 탐지기 부근에 금속 도체가 있으면 도체에 와류가 생성된다. 이 와류가 유도 자기장을 생성하면 탐지기 속의 부품이 반응해 경보가 울린다. 지뢰 탐지기 원리도 비슷하다.

그러나 항상 와류가 좋은 것만은 아니다. 전류와 자기장이 발생할 때 생성되는 에너지는 우리 몸 에너지의 손실을 유발한다. 가장 전형적인 것이 변압기이다.

변압기의 기본 원리는 한끝에 교류 전류가 들어가 자기장을 변화시키고, 가변 자기장이 자기 전도 매체를 통해 변압기의 다른 한 끝으로 흘러 들어가 전자기 유도 작용으로 변압이 된다.

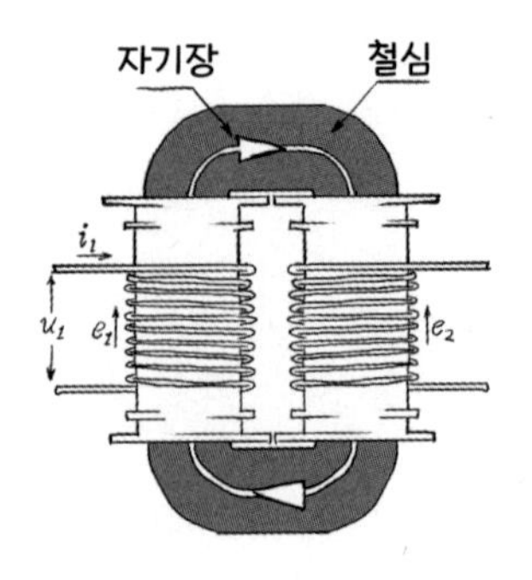

이 과정에서 자기장이 변하기 때문에 자기 전도 매체 중에 와류가 형성되며 변압기가 뜨거워진다.

이 열은 효율에 영향을 미칠 뿐 아니라 화재 위험도 있다. 이 문제를 해결하기 위해 우선 전기 저항이 비교적 큰 규소강으로 자기 전도 매체를 제작하는 동시에 회回자형 규소강을 붙인 뒤, 중간에 절연체絕緣體, 전도체나 소자로부터 전기적으로 분리되어 있어 열이나 전기를 잘 전달하지 아니하는 물체로 사이를 벌려 놓는다. 이렇게 하면 자기장은 규소강 조각을 따라 전도되지만, 와류는 크게 감소한다. 하지만 이렇게 해도 변압기는 작동할 때 발열 작용을 한다.

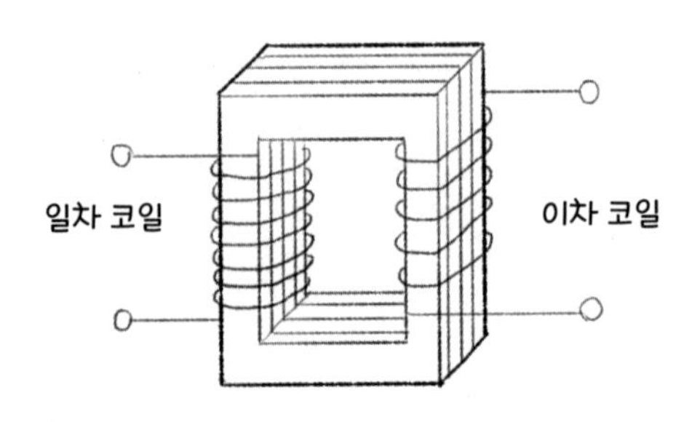

08 전자레인지는 어떻게 음식을 가열할까?
_ 마이크로웨이브 가열 원리

요즘 전자레인지 없는 집은 거의 없을 것이다. 전자레인지로 음식을 가열하면 빠르고 편리하지만, 전자레인지에서 전자파가 나와 암을 유발한다는 말도 있다. 이 말이 사실일까?

마이크로웨이브 가열 원리

전자레인지는 어떻게 음식을 가열하는지 알아보자.

마이크로웨이브는 파장이 가장 짧은 무선파로 적외선과 파장 길이가 비슷하다. 대부분의 전자레인지에 사용되는 주파수는 2.45GHz로 초당 24.5억 주기로 돌아간다. 이는 와이파이 주파수인 2.4GHz와 비슷하다.

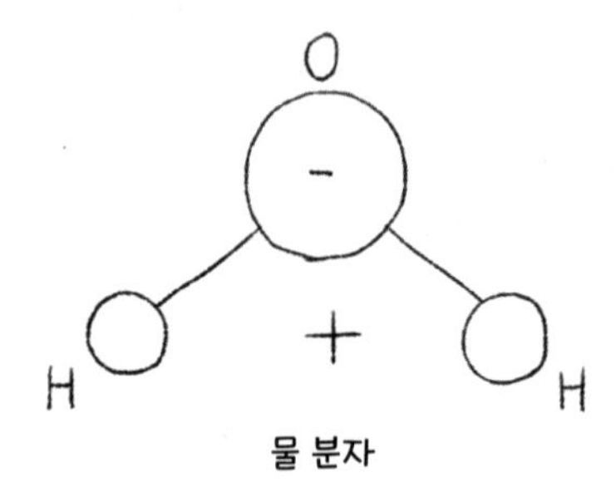

물 분자

수분, 지방, 단백질 등을 함유한 식품은 마이크로웨이브가 분자를 마찰시켜 익힐 수 있다. 물 분자를 예로 들어 보자. 물 분자는 하나의 산소 원자와 두 개의 수소 원자로 구성되어 있다. 산소 원자는 전자를 끌어당기는 능력이 강하고, 수소 원자는 전자를 끌어당기는 능력이 약하다. 그래서 산소 원자와 수소 원자로 구성된 물 분자의 전자는 산소 원자 쪽에 편향되어 양전하의 중심과 음전하의 중심이 합쳐지지 않는다. 이런 분자를 극성분자極性分子라고 한다.

극성분자가 전기장과 만나면 진동이 발생한다. 전기장이 전하에 힘을 가해 양전하 작용 방향을 전기장 방향과 동일하게 만들고 음전하는 반대로 만들기 때문이다. 이를 우력偶力이라고 한다. 이 우력 작용으로 산소 원자와 음전하의 중심이 오른쪽으로 이동하고 수소 원자와 양전하의 중심은 왼쪽으로 움직인다.

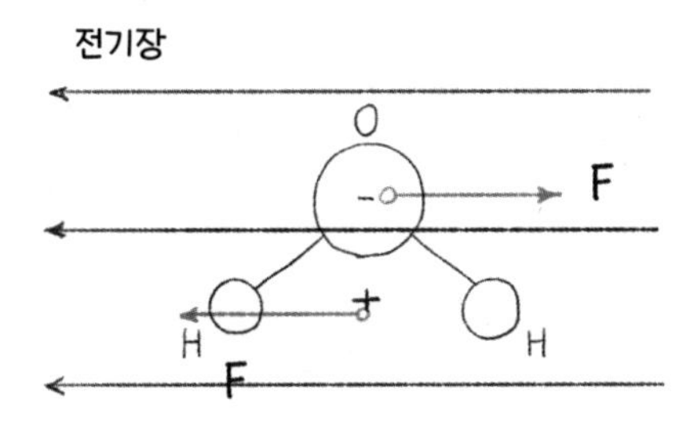

만일 전기장이 불변이라면 산소 원자는 오른쪽으로 수소 원자는 왼쪽으로 간 상태에서 멈출 것이다. 하지만 전자레인지의 전기장은 주기적으로 변화하여 짧은 시간 내에 전기장 방향이 오른쪽으로 바뀐다. 전력을 받으면 물 분자는 다시 반대로 움직인다.

마이크로웨이브의 주파수가 2.45GHz, 즉 초당 24.5억 진동하기 때문에 전기장은 반복적으로 변화한다. 물 분자도 좌우 회전을 반복하고 진동이 발생한다.

이 주파수는 인위적으로 설계된 것으로 주파수가 너무 높은 전기장은 물 분자가 회전하지 못하고 주파수가 너무 낮은 전기장은 물 분자의 회전이 너무 느려 빠르게 가열할 수 없다. 이 주파수는 물 분자, 단백질 분자와 지방 분자의 공진주파수와 비슷해서 이들 분자를 최대한도로 진동시킬 수 있다. 진동 과정에서 분자들은 서로 부딪치고 마찰하여 에너지가 생성된다. 마이크로웨이브는 물체를 통과할 수 있기 때문에 음식물 안팎으로 함께 가열되어 빠르게 익는다. 즉, 전자레인지는 마찰로 열을 발생시키는 것이지 발암물질을 생성하는 것이 아니다.

마이크로웨이브는 어떻게 만들어질까?

전자레인지에 있는 마이크로웨이브는 어떻게 생성될까? 일단, 전자레인지 구조를 알아보자.

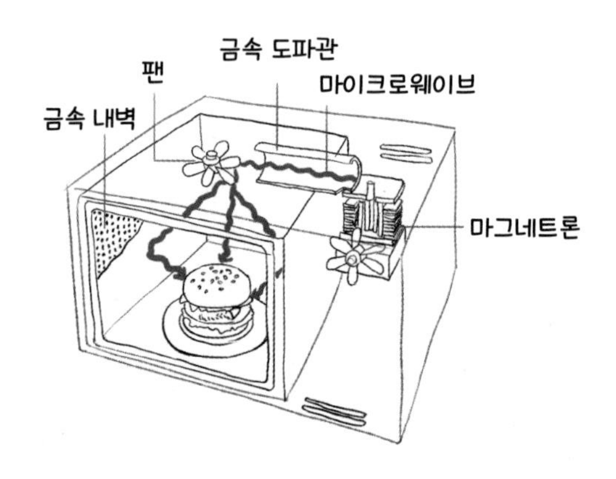

전자레인지의 변압기는 전압을 고압으로 변압시켜 마그네트론에 주입한다. 마그네트론은 고성능 마이크로웨이브를 생성하고, 이는 도파관을 통해 팬으로 들어간다. 전자레인지의 핵심 부품은 마이크로웨이브를 생성하는 장치인 마그네트론이다. 금속 팬은 마이크로웨이브를 반사할 수 있다. 그래서 팬이 회전하며 마이크로웨이브가 뒤섞여 전자레인지 안에서 여러 방향으로 반사된다.

마이크로웨이브가 전자레인지 내벽과 금속망에서 반복적으로 반사되며, 사방으로 빛을 쏠 때 돌아가는 회전판 위에 있는 음식물은 균등하게 마이크로웨이브를 받으며 분자의 진동으로 가열된다.

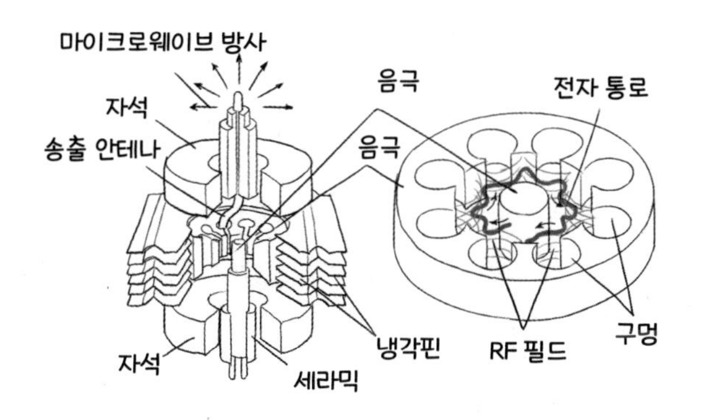

마그네트론 중간에는 텅스텐 봉이 있는데, 이 금속 봉에 고압을 가하면 전자가 방출된다. 전자는 중심의 음극에서 튀어나온 전자가 주변의 양극으로 발산되고, 마그네트론의 양 끝에 두 개의 자석이 자기장을 생성한다. 전자는 자기장에서 운동하며 자기장의 힘을 받는데, 이를 로런츠 힘Lorentz force이라고 한다. 이 힘이 전자를 밖으로 운동시키는 과정에서 전자는 회전한다.

전자를 받는 바깥은 톱니형이기 때문에 전자가 밖으로 확산되고, 회전하는 과정에서 전자를 만나는 부분은 음극을 형성하며,

전자를 만나지 못하는 톱니는 양극을 형성한다. 또 전류의 흐름은 반복적으로 변화를 일으켜 교류를 만들고 전자파를 발사한다.

전자레인지는 인체에 해로울까?

전자레인지에 음식물을 가열할 때 발암물질을 만들지 않는다는 점은 앞에서 살펴보았지만, 많은 사람들은 여전히 마이크로웨이브가 인체에 해로운 것은 아닐지 의심한다.

전자파는 전기장과 자기장이 상호 발산으로 생성되는 물질이고 마이크로웨이브는 전자파의 일종이다. 파장의 길이에 따라 전자파를 라디오파, 마이크로웨이브, 적외선, 가시광선, 자외선, X선, 감마선으로 나눌 수 있다. 마이크로웨이브는 파장이 라디오파보다 짧고 적외선보다 긴 전자파이다. 어떤 사람은 마이크로웨이브를 무선파로 분류시켜 무선파 중 파장이 가장 짧은 전자파라고 한다.

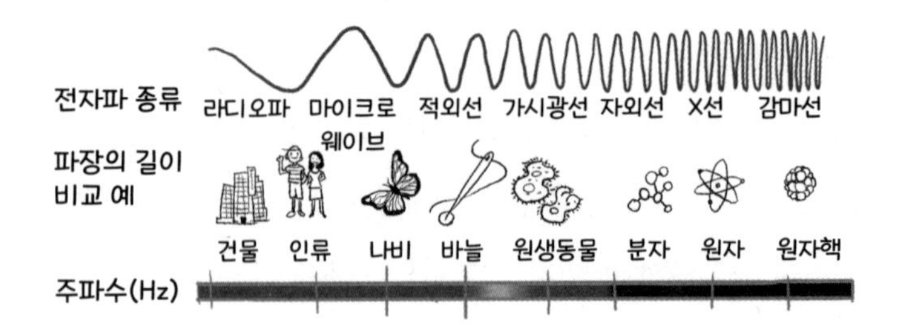

X선과 감마선은 인체에 분명 해가 된다. 인체의 많은 세포는 수시로 재생되는데 재생 중인 세포가 감마선에 쏘이면 DNA 손상을 일으키거나 세포가 죽어 재생에 문제가 생길 수 있어, 암에 걸리거나 사망할 수 있다. 암 치료를 하는 감마선은 암세포를 죽이는 데 쓰이는 방사선치료에 쓰인다. X선은 감마선보다 살상력이 약하여 의료계에서는 투시용으로 쓴다.

가시광선, 적외선은 X선과 감마선에 비해 주파수가 작고 파장이 길어 어느 정도 노출되어도 인체에 별다른 해가 없다. 마이크로웨이브는 햇빛의 파장보다도 길고 주파수도 더 낮다. 그러므로 인체에 직접적인 해를 일으킬 리 없다. 핸드폰 신호, TV 신호, 방송, 레이더 등에 마이크로웨이브가 사용되며 인체에 해가 되지 않는다. 와이파이 신호가 인체에 해를 끼쳐 집안에 임신부가 있으면 와이파이를 차단한다는 사람도 있지만, 사실 와이파이 신호가 인체에 주는 영향은 핸드폰이나 TV 방송과 거의 비슷한 정도이다.

전자레인지를 사용할 때 주의해야 할 점은 무엇일까?

전자레인지는 편리하지만, 잘못 사용하면 사고를 일으키기 쉽다. 전자레인지를 사용할 때 이것만큼은 조심하자.

1. **금속 용기나 금속 무늬가 있는 용기는 사용할 수 없다.**

   금속은 전자파를 반사하기 때문에 마이크로웨이브가 음식물을 가열하는 것을 방해한다. 또 마이크로웨이브가 금속 표면에 유도 전류를 일으켜 금속과 전자레인지 내벽 사이에 불꽃이 일어 화재가 발생할 수 있다.

2. **밀봉한 용기나 식품은 전자레인지에 넣지 말라.**

   전자레인지를 가열할 때 생성되는 증기로 인해 밀봉한 용기 또는 날계란, 토마토처럼 껍질이 있는 음식물은 폭발할 수 있다.

3. **일반 플라스틱 용기를 사용하지 말라.**

   일반 플라스틱 용기는 마이크로웨이브를 흡수하지 않는다. 음식물을 가열할 때 음식물의 열이 플라스틱으로 전달되어 플라스틱이 녹으면서 유해물질이 나올 수도 있다.

4. **전자레인지로 물을 끓이지 말라.**

   전자레인지는 과열 현상이 있어서 수온을 100℃로 올려도 기포가 일지 않는다. 하지만 전자레인지에서 꺼낼 때 작은 흔들림만으로도 물에 기포가 생겨 다칠 수 있다.

전자레인지로 가열을 할 때는 보통 자기, 유리 혹은 전자레인지 전용 플라스틱 용기를 사용한다. 이들 용기는 마이크로웨이브의 영향을 받지 않고 단독으로 열을 내지도 않으며 고온에도 변형되거나 유해물질을 내뿜지 않는다. 이것만 조심하면 안심하고 전자레인지를 사용해도 된다.

09

전기밥솥으로 물을 끓여도 될까?

_ 센서의 원리와 응용

전기밥솥은 가정에서 편리하게 사용하는 조리 도구이다. 쌀을 물과 함께 집어넣으면 알아서 밥이 되고 스위치가 자동으로 올라와 전원을 차단하거나 보온 상태로 바뀐다. 전기밥솥의 원리는 무엇일까?

전기밥솥은 어떻게 밥이 다 된 것을 알까?

사실 원리는 간단하다. 밥솥 바닥 중심에 특수한 온도 감지 센서인 페라이트ferrite가 있기 때문이다. 산화망가니즈, 산화아연, 산화철 가루를 혼합해 소결시켜 만든 이 페라이트는, 상온에서는 자성이 강하지만 온도가 103℃까지 상승하면 자성이 약해진다. 이처럼 자성이 변하는 온도를 '퀴리점Curie點'이라고 한다.

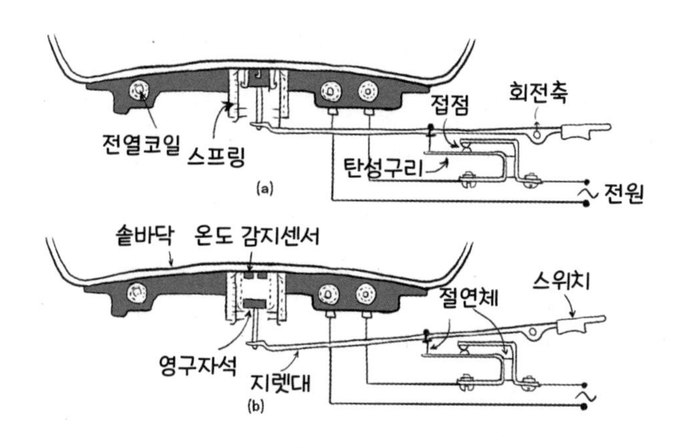

밥을 지을 때 스위치를 누르면 지렛대 작용으로 좌측의 작은 자석이 올라가 전기밥솥 내솥의 페라이트를 끌어당긴다. 이때 회로의 탄성구리 조각이 접촉되며 회로를 연결하고 전류가 열선을 통해 전기밥솥을 가열한다. 솥 안에는 물이 있기 때문에 내솥 온도는 100℃보다 낮다. 게다가 내솥의 페라이트는 자성이 있어 영구자석을 끌어당겨 회로가 끊어지지 않도록 보호한다.

밥이 다 되면 수분이 쌀에 흡수되기 때문에 솥 안의 온도가 100℃를 넘어 계속 상승한다. 온도가 103℃까지 오르면 내솥의 페라이트는 자성을 잃게 된다. 이때 스프링의 작용으로 지렛대가 절연체를 움직여 가열을 중지시킨다. 밥솥은 '펑' 소리와 함께 스위치가 올라오며 밥이 다 되었다고 알린다. 스위치가 올라오면 재빨리 스위치를 다시 눌러도 스위치는 튕겨 올라온다. 내솥은 온도가 아직 높아서 페라이트에 자성이 없기 때문이다. 다시 말해서 페라이트는 온도의 변화를 감지하고 모종의 방식을 통해 온도 변화를 전류 변화로 바꾼다. 이런 장치를 '온도 센서'라고 부른다. 전기밥솥은 온도 센서를 통해 밥을 지은 뒤 자동으로 전기를 차단한다.

전기밥솥으로 물을 100℃까지 끓일 수 있어도 물이 끓은 뒤 온도는 더 이상 상승하지 못한다. 그래서 온도를 퀴리점인 103℃까지 올릴 수 없고 자동으로 차단할 수 없어 수동으로 차단해야 한다. 그러지 않으면 전기밥솥은 물을 다 증발시킨 후에야 자동으로 차단될 것이다. 그러므로 전기밥솥으로 물을 끓이는 건 매우 불편한 일이다.

전기 포트가 저절로 차단되는 이유는?

전기 포트는 '바이메탈 온도계bimetallic thermometer, 온도 차이가 느껴지는 부분에 바이메탈을 사용한 온도계. 바이메탈이 온도의 변화에 따라 구부러지는 성질을 이용해, 이것을 지레로 확대하여 지침指針을 움직이게 함'라는 센서를 사용하기 때문이다.

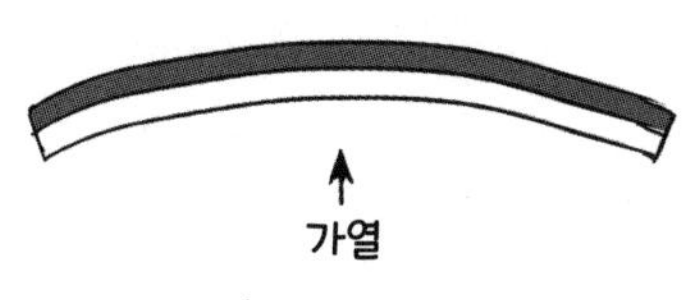

간단한 바이메탈 부품

이런 센서는 열팽창 지수가 다른 두 개의 다른 금속을 붙여서 만든다. 예를 들면 한쪽은 철, 다른 한쪽은 구리로 만들면 열을 받았을 때 구리가 훨씬 더 많이 팽창해 철을 붙인 면을 향해 굽어지게 된다.

전기 포트로 물을 끓이면 수증기가 발생하는데, 이 수증기가 이 바이메탈 센서에 닿아 금속을 구부러뜨려 회로를 단절시킨다.

대부분 전기 포트의 온도 센서는 뚜껑에 있기 때문에 물을 끓일 때 뚜껑을 열어 놓으면 수증기가 센서에 닿을 수 없어 자동으로 차단되지 않으니 뚜껑을 잘 덮도록 주의해야 한다.

전기다리미는 어떻게 스스로 온도를 조정할까?

전기다리미는 전열선, 바이메탈, 접점과 탄성구리로 구성된다. 상온에서 두 접점은 서로 접촉하고 있다가 전류가 흘러들어오면 온도를 상승시킨다.

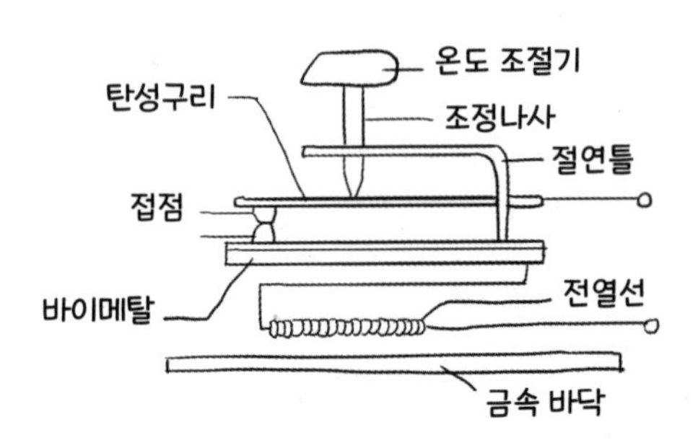

하지만 온도가 지나치게 높으면 바이메탈의 팽창지수가 달라 상부의 금속이 더 크게 팽창하게 된다. 그래서 아래를 향해 구부러지고 접점을 분리해 전원을 차단하고 가열을 멈춘다. 온도가 내려간 후 바이메탈은 원상태를 회복한 뒤 다시 회로가 가열된다. 이 과정이 반복되며 자동으로 온도 조정된다.

요즘 우리가 쓰는 다리미는 스스로 온도를 설정할 수 있게 나온다. 옷의 재질에 따라 다른 온도로 다림질을 해야 하기 때문에 온도 조절 장치로 쉽게 온도를 설정할 수 있다. 예를 들어 면이나 마는 고온으로 다려야 해서 접점을 더 긴 시간 접촉해야 한다. 온도

조절 스위치를 고온으로 돌려주면 조정나사가 더 깊이 탄성구리를 누르게 되고 더 높은 온도에서만 접점의 분리와 가열 정지가 일어난다. 또, 실크로 만든 옷은 저온으로 다림질해야 하니 반대로 접점을 오랜 시간 분리해야 한다. 우리 생활을 편리하게 해주는 온도 센서는 이제 일상에서 흔하게 볼 수 있다.

10

핸드폰 터치스크린은 어떤 원리일까?

_ 축전기와 축전기 센서

우리는 스마트폰, 태블릿 같은 터치스크린 전자제품을 자주 사용한다. 터치스크린은 손가락 위치를 어떻게 아는 걸까? 왜 장갑을 낀 손에는 정상적으로 작동하지 않는 걸까?

시중에서 주로 쓰는 터치스크린은 대부분 축전기식 터치스크린이다. 이 원리를 이해하기 위해서는 우선 축전기가 무엇인지 알아야 한다.

레이던병

1745년 네덜란드 레이던대학교의 교수 피터르 판 뮈스헨브루크

Pieter van Musschenbroek가 전하를 저장하는 레이던병Leyden jar을 발명했다.

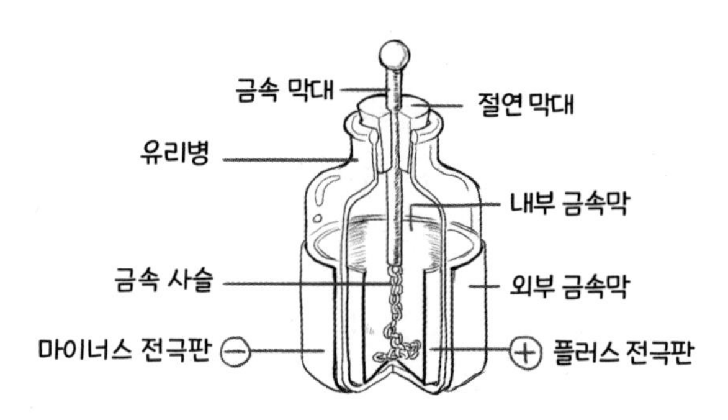

이 병의 기본 원리는 전기가 통하는 금속 막대와 금속 사슬로 전하를 병 안에 집어넣고, 병의 안팎에 금속막을 붙인다. 이렇게 하면 전하를 병 안에 축적할 수 있다. 양전하를 병 안의 금속막에 접촉하면 병 밖의 금속막에 접지되어 동량의 음전하가 외부 금속막에 흡수된다. 양전하와 음전하가 유도되면 유리병을 사이에 두고 서로 잡아당기는 힘에 의해 전하가 축적된다.

1752년 미국 독립전쟁을 이끈 정치가이자 과학자인 벤저민 프랭클린Benjamin Franklin은 레이던병을 이용해 유명한 '번개 실험'을 했다. 그는 연을 이용해 번개를 레이던병에 끌어들여 하늘의 번개와 지상의 전기가 같은 물질임을 증명했다.

축전기

전하를 저장하기 위해 꼭 병이 필요한 것은 아니다. 가까이에서 서로 전기가 통하지 않는 두 개의 도체는 동일한 작용을 하는데, 이를 축전기蓄電器라고 한다. 가장 간단한 축전기는 평행판 축전기이다.

두 개의 금속판은 가까이 있고 하나의 전극판은 양전기를, 다른 하나는 음전기를 가지고 있다. 전하 간에는 끌어당기는 작용이 있어 두 개의 전극이 외부 회로에 연결되지 않으면 전하는 도망갈 수 없다.

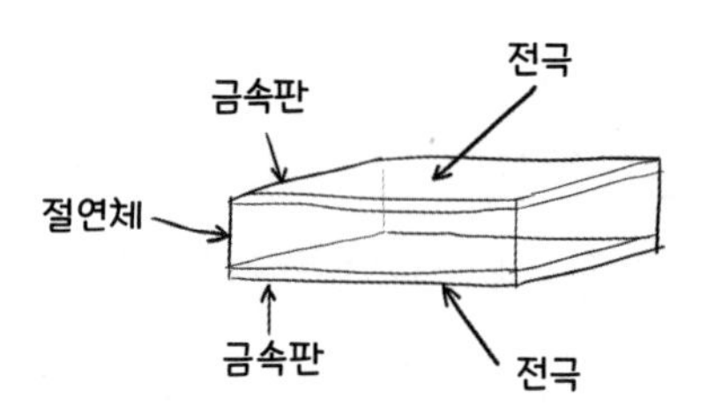

축전기 중앙에는 절연체가 있기 때문에 이론상 전류는 축전기를 통과할 수 없다. 하지만 축전기가 충전과 방전을 하는 과정에 축전기 전극판의 전하량에 변화가 생기기 때문에 전류가 축전기를 통과한다고 볼 수 있다.

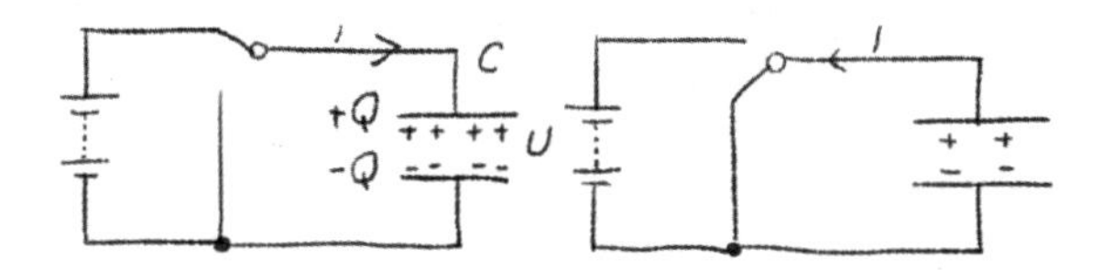

예를 들어 전기가 통하지 않는 축전기와 전지를 양극에 연결하면 축전기는 충전을 시작한다. 즉 양전하는 축전기의 위 전극판에 흘러 들어가고 음전하는 축전기의 아래 전극판에 들어간다. 축전기 양극판 사이 외에 나머지 부분은 모두 전류가 흐른다. 전류 방향은 정전하가 이동하는 방향으로 규정돼 회로의 시계 방향으로 충전 전류가 흐른다. 이 전류는 순간적인 것으로, 축전기의 전압과 전지의 전압이 같으면 전류는 소실된다. 수도관에서 한쪽의 수면이 높으면 물이 흐르지만, 양쪽 수면이 동일하게 높으면 물이 더 이상 흐르지 않는 것과 같은 이치이다.

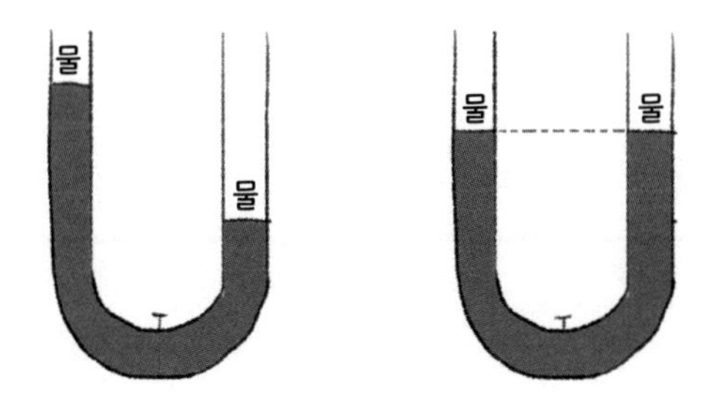

축전기에 전기가 가득 차면 전원을 끊더라도 축전기의 전하는 소실되지 않는다. 하지만 만일 축전기의 두 전극판을 도선으로 직접 연결하면, 전하는 바로 중화할 수 있는 통로를 찾아낸다. 정전하와 음전하는 이 통로를 통해 중화하고, 회로는 시계 반대 방향으로 전류가 흐른다. 이런 전류를 '방전 전류放電電流'라고 한다. 방전 전류는 순간적이어서 전하 중화가 끝나면 방전 전류는 사라진다.

축전기가 충전과 방전을 반복하면, 회로에 충전 전류와 방전 전류가 반복해서 출현한다. 충전 전류와 방전 전류의 방향 또한 다르다. 이것이 교류 전류다. 이제 교류 전류가 축전기를 통과할 수 있다는 것을 알게 되었다.

전기 테스터기는 도선에 전기가 있는지를 측정할 수 있다. 의자에 서서 전기 테스터기로 전선을 접촉하면 불이 들어올까?

사람과 대지는 모두 도체지만, 의자는 절연체이다. 가정용 전기는 교류 전기이므로 축전기를 통과할 수 있다. 그래서 의자에 올라서서 전기 테스터기로 전선을 접촉해도 불이 들어온다. 전류가 전기 테스터기와 사람을 모두 통과하지만, 전류가 작아서 인체에는 아무런 감각도 느낄 수 없다.

터치스크린 원리

간단한 정전식 터치스크린은 사중 복합 유리로 되어 있다. 그중 한 층은 ITO이다. ITO란 전기 전도성을 가진 투명 도전막透明導電膜으로 터치스크린 제작에 적합하다.

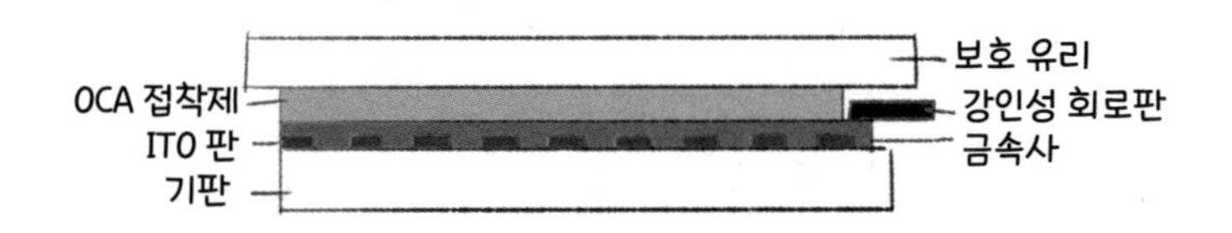

터치스크린의 한 부분을 손가락으로 접촉하면 ITO 재료가 접점의 전기 용량의 크기를 바꾼다. 스크린의 모서리에는 전선이 있어서 교류가 축전기를 통과할 수 있기 때문에 4개 전선의 교류가 접점으로 몰려든다. 전류의 크기는 접점의 거리와 관련 있어, 핸드폰 내부의 칩이 네 모서리의 전류를 분석하고 계산해서 접점의 위치를 구할 수 있다.

더 정교한 터치스크린은 투사식 스크린이다. ITO 층이 다수의 수평과 수직 전극판을 형성한다. 각 부분의 ITO 부품도 센서 기능이 있다.

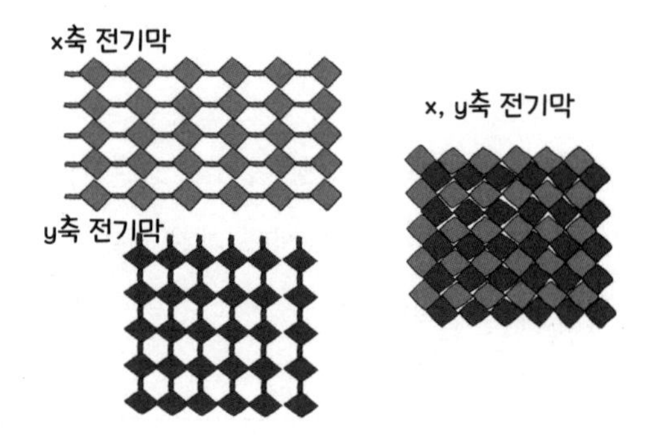

어떤 부분과 손가락이 닿으면 축전기와 결합해 스크린의 전기장을 바꾼다. 센서와 칩을 통해 전기장과 전류의 변화를 분석하면, 손가락이 닿은 위치를 감지할 수 있다. 그래서 이전의 사각 모서리 전류 스크린에 비해 손가락이 닿았던 부분을 쉽게 통제할 수 있어서 더욱 광범위하게 응용할 수 있다.

손가락은 도체이기 때문에 터치스크린에 영향을 미칠 수 있다. 절연 물질을 사용해 터치스크린을 건드리면 핸드폰을 조작할 수 없다. 손가락과 ITO 층은 원래 접촉이 필요하지 않기 때문에 중간에 유리 절연층이 있다.

핸드폰에 보호 필름을 붙이는 것은 절연막인 유리를 두껍게해서 전류가 여전히 손가락을 거쳐 스크린의 도체가 형성한 축전기에 흐를 수 있다. 하지만 두꺼운 장갑을 끼고 스크린을 건드리면 손가락과 스크린의 도체 거리가 멀어 센서가 감지하지 못한다.

11

핸드폰은 어떻게 위치를 측정할까?
_ 위성 위치 측정 원리

현대인에게 핸드폰은 없어서는 안 될 물건이다. 핸드폰은 내가 있는 곳의 위치를 알려줄 뿐 아니라 길을 찾아볼 수 있고, 교통이 혼잡한 곳을 알려주기도 한다. 이처럼 작은 핸드폰이 어떻게 우리의 위치를 아는 걸까?

사실, 핸드폰은 위성 수신기를 이용해 자기가 있는 곳의 위치를 안다. 핸드폰의 위치 측정은 정확히 말하면 위성의 위치 측정이라고 해야 한다.

3대 위성의 위치 측정 시스템

현재 세계에서 가장 광범위하게 응용되는 위치 측정 시스템은, 미국의 글로벌 위성 위치 측정 시스템인 GPS다. 이용자는 GPS 수신기만 있으면 위치 측정 시스템에서 제공하는 위치, 시간 등의 서비스를 24시간 내내 무료로 이용할 수 있다.

사용자들에게 시간, 위치와 내비게이션 기능을 제공하는 위치 측정 시스템 기능은 비슷하다. 군에서는 군함, 비행기와 미사일, 무기 등의 정확한 위치를 측정하는 내비게이션 서비스를 제공하는 데 쓰인다. 우수한 내비게이션 시스템의 보유 여부는 그 나라의 원거리 전쟁 수행 능력과 깊은 관련이 있다.

위성 위치 측정 원리

위성은 어떻게 우리가 있는 위치를 알까?

이 문제를 이해하기 위해서 우선 좌표계의 개념을 알아야 한다. 프랑스 학자 데카르트는 해석기하학을 발명했다. 기하학은 대수를 이용해 기하 문제를 해결하는 방법으로, 평면에 직각 좌표계를 만들면 이 평면 안에서 어떠한 하나의 점도 한 쌍의 좌표(x, y)로 표시할 수 있다. x, y는 각각 두 점의 가로 좌표와 세로 좌표를 나타낸다. 피타고라스의 정리에 의하면 두 점 사이의 거리는 $s=\sqrt{(x_1-x_2)^2+(y_1-y_2)^2}$ 이다.

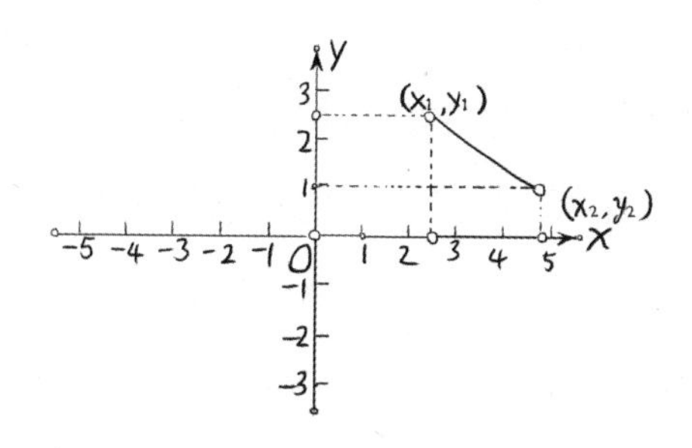

마찬가지로 공간 중의 한 점을 표시하려면, 공간 직각좌표계를 세워야 한다. 각 점은 좌표(x, y, z)로 표시한다. 두 점(x_1, y_1, z_1)과 (x_2, y_2, z_2) 사이의 거리는 2차 피타고라스 정리를 통해 $s=\sqrt{(x_1-x_2)^2+(y_1-y_2)^2+(z_1-z_2)^2}$ 구할 수 있다.

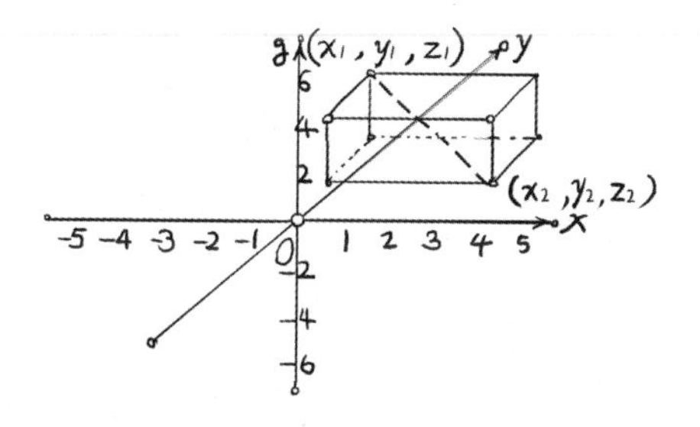

공간에서 두 점의 거리를 구하는 계산 방법을 이해했다면 위성의 위치를 측정하는 것은 어렵지 않다.

예를 들어 핸드폰은 4개의 수치를 확정해야 위치를 정할 수 있다. 바로 공간 좌표 (x, y, z)와 시각 t이다. 핸드폰 자체로는 잘 모르지만, 위성에는 고도로 정밀한 원자시계가 있다. 위성 시스템과 기지국에는 모두 천체력이 있어서 위성은 매 시각 매분 모두 정확하게 자신의 공간좌표와 시각을 확정할 수 있다.

위치를 측정할 때 핸드폰은 위성과 소통한다. 예를 들어 어느 위성이 어느 시각 하나의 신호를 핸드폰에 발사한다. 신호에는 위성의 공간좌표와 시각이(x_1, y_1, z_1, t_1) 포함되어 있다. 핸드폰이 이 신호를 받았을 때 핸드폰의 공간좌표와 시각(x, y, z, t)은 모두 미지수이다.

하지만 우리는 전자파 신호가 광속 $c=3\times10^8$m/s으로 전파된다는 것을 알고 있다. 만일 신호가 t_1에서 나오면 다시 t의 시각이 핸드폰에 전달된다. 그럼 빛이 전파한 시간은 $t-t_1$이고 전파한 거리는 $d_1=c(t-t_1)$이다. 동시에 우리는 위에서 배운 지식으로 핸드폰(x, y, z)과 위성(x_1, y_1, z_1)의 거리를 다음과 같이 표시할 수 있다.

$$d_1=\sqrt{(x-x_1)^2+(y-y_1)^2+(z-z_1)^2}$$

따라서 다음 방정식을 만들 수 있다.

$$c(t-t_1)=\sqrt{(x-x_1)^2+(y-y_1)^2+(z-z_1)^2}$$

이 방정식의 x, y, z, t 는 미지수이다. 4개의 미지수는 하나의 방정식으로는 풀 수 없다. 하지만 상관없다. 핸드폰이 동시에 4개의 위성과 연락하여 각각 신호를 보내면 4개의 방정식을 만들 수 있기 때문이다.

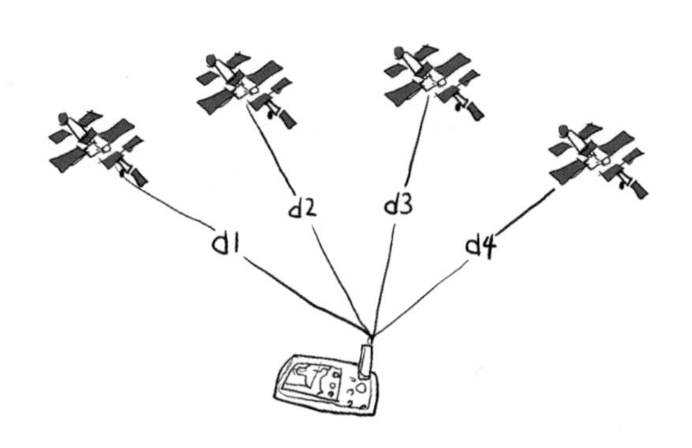

$$c(t-t_i)=\sqrt{(x-x_i)^2+(y-y_i)^2+(z-z_i)^2},\ i=1,\ 2,\ 3,\ 4.$$

이 중 $(x_i,\ y_i,\ z_i,\ t_i)$은 이미 알고 있는 i번째 위성의 좌표와 시간이다. 이렇게 4개의 방정식을 근거로 핸드폰의 위치 추적 칩은 자기가 있는 현재 위치 $(x,\ y,\ z)$와 시간 t을 계산할 수 있다. 게다가 핸드폰에 이미 저장된 지도 정보로 위치를 표시할 수 있다.

GPS 수신기는 최소한 4개의 위성과 연락을 해야지만 자신의 위치를 측정할 수 있다. 연락하는 위성이 많을수록 측정 결과가 정확해진다.

오차 수정

위치 측정할 때 가장 번거로운 일은 오차를 수정하는 일이다.

오차의 원인은 위성의 오차, 전파 오차와 수신기의 오차 세 가지가 있다. 전파 오차를 예로 들면, 신호를 전파할 때 전자파는 구름층을 통과해야 한다. 구름층을 통과하는 빛의 속도는 진공 중에서와 다르다. 비록 차이가 크게 나지는 않지만, 워낙 광속이 빠르기 때문에 약간의 차이가 위치 측정 범위에 커다란 오차를 만들 수 있다. 그러므로 반드시 오차를 수정해야 한다.

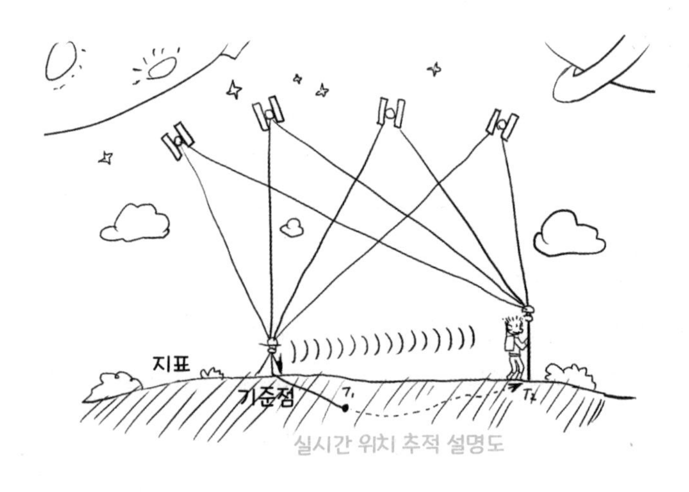

실시간 위치 추적 설명도

12

팽이는 왜 넘어지지 않을까?

_ 돌림힘과 각운동량

팽이를 돌려본 사람이라면 회전하는 팽이는 넘어지지 않지만, 회전이 멈추면 어느 한쪽으로 넘어진다는 사실을 알 것이다.

팽이가 돌아가는 것을 자세히 관찰해 보면 빠르게 회전할 때는 팽이의 축이 살짝 흔들리고, 회전이 느릴 때는 축이 크게 흔들리는 것을 알 수 있다. 게다가 시계 반대 방향으로 도는 팽이는 회전축 역시 시계 반대 방향으로 흔들린다. 팽이가 돌아갈 때 축이 흔들리는 것은 흔한 현상이지만, 사실 그 안에는 심오한 물리적 의미가 담겨 있다.

돌림힘

돌림힘이란 주어진 회전축을 중심으로 회전시키는 능력을 말한다.

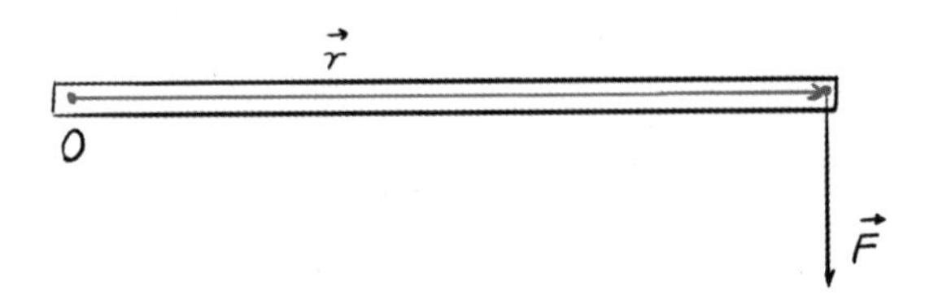

그림에서 보듯 지렛대는 받침점 O를 둘러싸고 움직인다. 어느 지점에서 힘 F가 작용하면 받침점 O에서 힘 F까지의 거리를 r이라고 하자. F와 r 모두 방향이 있으며, 물리에서는 벡터라고 부른다.

힘이 셀수록 힘점까지의 거리는 길어지고 물체의 움직임은 강해진다. 돌림힘으로 이 작용을 표시해 보자.

$$\vec{M} = \vec{r} \times \vec{F}$$

교차 곱셈은 일종의 벡터 계산으로 2 벡터 교차 곱셈 $\vec{a} \times \vec{b}$의 방향은 오른손 법칙을 적용할 수 있다. 오른손의 네 손가락은 $\vec{a}$의 방향을 가리키다가 손바닥 쪽으로 접으면 $\vec{b}$ 방향으로 바뀐다. 이때 엄지손가락의 방향은 $\vec{a} \times \vec{b}$의 방향이 된다. 이 규칙에 따라 위 그림에서 힘 F의 돌림힘 방향은 안쪽으로 향한다는 것을 알 수 있다.

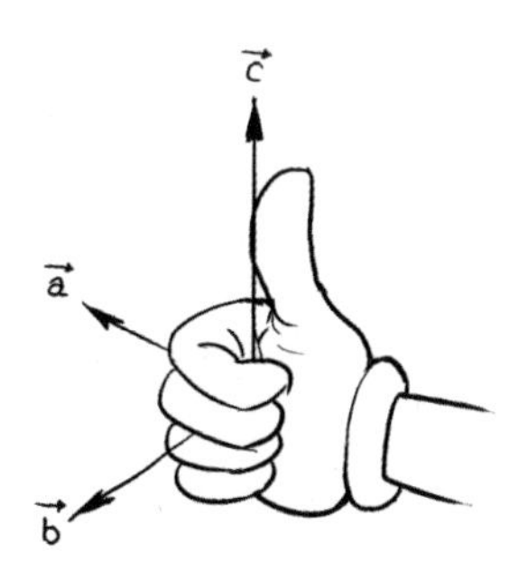

각운동량

각운동량角運動量이란 회전하는 물체의 회전 운동의 세기를 말한다. 물체의 회전이 빠를수록 각운동량도 커진다. 회전 속도가 같다고 가정할 때 물체의 질량 분포가 회전축에서 멀리 떨어지면 회전축에 가까울 때보다 각운동량이 크다. 회전하는 물체의 각운동량, 형태, 질량, 회전 속도 모두 연관이 있다.

예를 들어 한 사람이 손에 아령을 들고 회전하면 도는 속도가 빠를수록 각운동량도 커진다. 만일 회전 속도가 일정하다면 두 손을 뻗었을 때의 각운동량이 아령을 가슴 앞으로 당겼을 때의 각운동량보다 크다.

각운동량의 방향도 오른손 법칙을 적용할 수 있다. 오른손으로 팽이를 움켜주면 네 손가락이 팽이의 회전 방향을 가리키고, 엄지

손가락이 각운동량의 방향을 가리킨다. 다시 말해 팽이가 시계 반대 방향으로 회전하면 각운동량 방향은 위로 향하고, 팽이가 시계 방향으로 회전하면 각운동량 방향은 아래로 향한다. 각운동량은 $\vec{J}$로 표시한다.

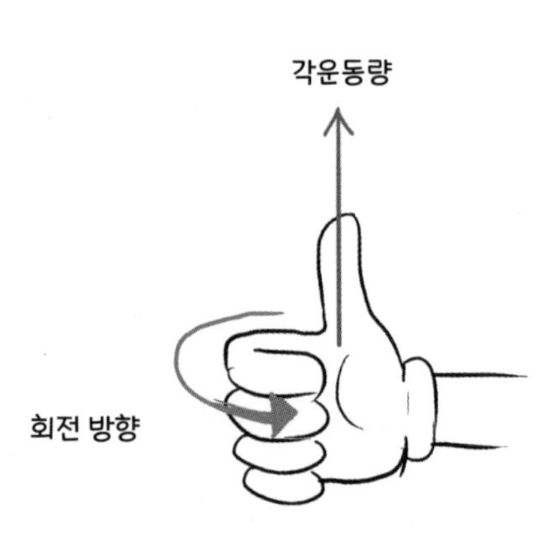

각운동량 보존법칙

다음은 돌림힘 M과 각운동량 J의 관계에 대해서 알아보자. 앞에서 배웠던 뉴턴의 법칙을 이용해 다음과 같은 결론을 내릴 수 있다.

만일 어떤 물체가 돌림힘의 작용을 받지 않는다면, 즉 $\vec{M}=0$이라면 아마도 물체가 힘의 영향을 받지 않아서 이거나($F=0$) 힘이 작용하더라도 외부 힘을 받는 거리가 없기 때문일 것이다($r=0$). 이때 물체의 각운동량은 불변을 유지하며, 이것을 각운동량 보존角運動量保存이라고 부른다.

각운동량 보존일 때 팽이의 회전 방향과 회전 속도는 변화가 없다. 다만 팽이는 일정한 회전축과 동일한 속도로 회전한다.

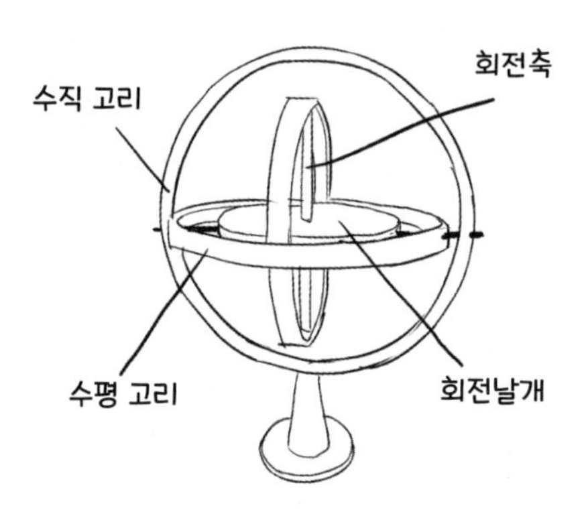

예를 들어 간단한 자이로스코프의 바퀴가 회전할 때 자이로스코프 바깥 고리가 어떻게 회전하든 회전축은 늘 일정하게 유지된다. 비행기, 기차 등은 모두 자이로스코프를 설치하여 평행을 유지한다. 또 피겨스케이트 선수는 회전할 때 항상 먼저 두 손을 옆으로 뻗고 회전을 시작한 뒤 손을 머리 위로 올린다. 각운동량 보존 법칙에 의해 선수의 질량 분포가 회전축에 가까울수록 속도가 빨라지기 때문이다.

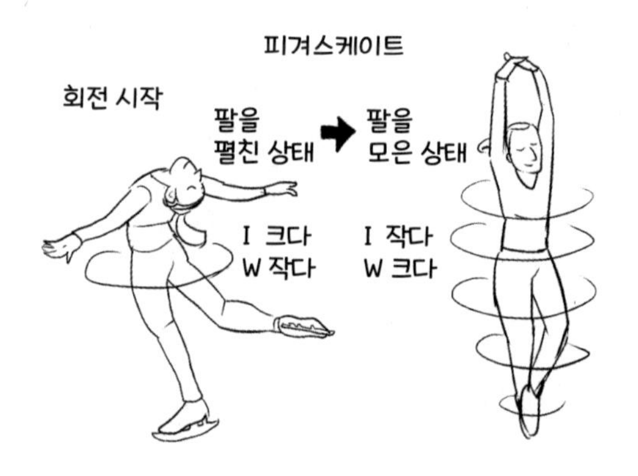

각운동량 법칙

돌림힘을 가진 물체의 각운동량은 변화한다. 뉴턴의 제2 법칙처럼 물체가 받는 돌림힘과 각운동량의 시간 변화는 정비례한다.

$$\vec{M} = \frac{\Delta \vec{J}}{\Delta t}$$

이 공식을 통해 돌림힘의 방향과 각운동량의 변화 방향이 같다는 것을 알 수 있고, 회전하는 팽이가 넘어지지 않는 이유를 이 공식으로 해석할 수 있다.

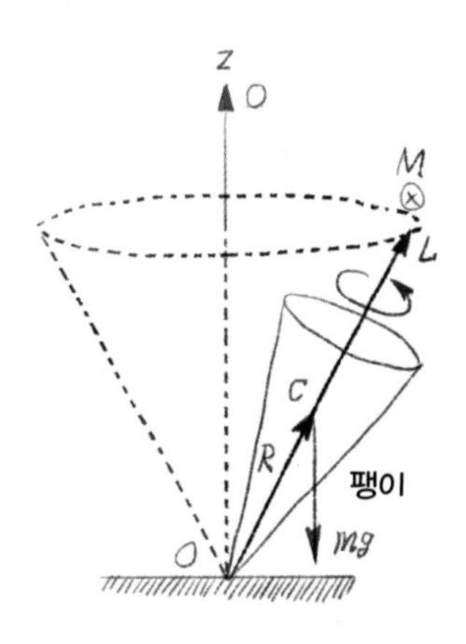

예를 들어 시계 반대 방향으로 회전하는 팽이(오른손 법칙에 따라 각운동량은 위를 향한다)가 있다고 하자. 이때 팽이는 지면의 지지력 *N*과 중력 *G*의 작용을 받는다. 하지만 지지력이 받침점을 넘기 때문에 돌림힘이 없다. 중력은 받침점을 넘지 않기 때문에 힘점과 돌림힘이 존재한다. 오른손 법칙에 따라 중력 돌림힘의 방향은 지면에서 수직이며 안으로 향한다.

이 돌림힘이 팽이의 각운동량에 변화를 줘서 시계 반대 방향으로 회전하게 되는데, 이 과정을 '세차운동Precessional motion'이라고 한다.

팽이가 그림의 위치에서 움직임을 멈추면 중력의 돌림힘이 팽이를 오른쪽으로 넘어뜨린다. 하지만 팽이는 회전 중이기 때문에 중력의 돌림힘이 가해진 결과는 각운동량의 방향에 변화를 준다.

이런 변화가 팽이의 축을 따라 중심의 z축을 움직이게 하지만, 지면으로 넘어지지는 않는다.

팽이가 빠르게 움직이면 각운동량이 커지고, 회전 속도가 느리면 각운동량은 적어진다. 하지만 돌림힘은 줄어들지 않아 팽이의 세차운동은 빠르게 된다. 결국 팽이가 점차 느려질 때 팽이 머리가 흔들리는 속도는 오히려 점점 더 빨라져 결국 지면으로 넘어지게 된다.

자동차 바퀴가 회전할 때에도 각운동량이 적용된다. 자동차가 약간 기울면 돌림힘이 바퀴에 세차운동을 일으켜 자동차가 뒤집히는 대신 방향을 트는 것이다.

또 다른 예

지구로 예를 들어보자.

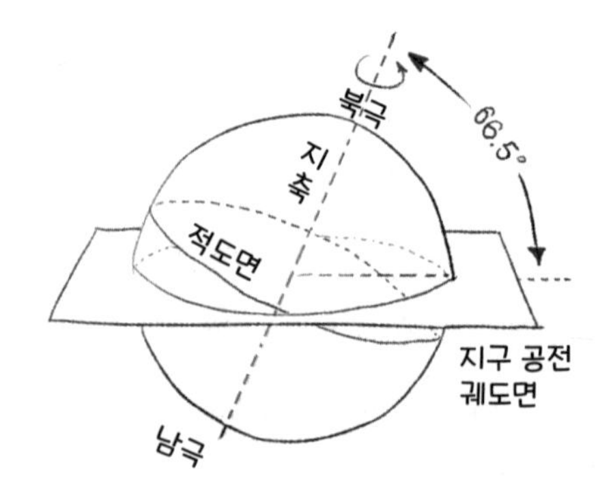

지구는 지축을 중심으로 회전한다. 태양의 인력이 지구의 중심에 작용해 돌림힘이 생기지 않는다. 따라서 지구의 각운동량은 보존되며 지구의 각운동량 방향은 북극을 가리킨다.

만일 북반구에서 한 사람이 시계 반대 방향으로 회전하면 지구 방향과 동일한 각운동량을 가지게 된다. 하지만 지구 전체의 각운동량은 보존되기 때문에 이 사람은 지구의 각운동량 일부를 빼앗은 셈이 된다. 지구의 각운동량이 줄어들었으니 자전 속도는 느려지고 하루의 시간은 길어지게 된다. 비록 이 변화는 매우 미미하겠지만 말이다.

수학으로 들어가 과학으로 나오기

초판 1쇄 발행 2019년 12월 16일
초판 4쇄 발행 2021년 5월 13일

지은이 리용러
옮긴이 정우석
발행인 곽철식

디자인 강수진
펴낸곳 하이픈
인쇄 영신사
출판등록 2011년 8월 18일 제311-2011-44호
주소 서울 마포구 토정로 222, 한국출판콘텐츠센터 313호
전화 02-332-4972 팩스 02-332-4872
전자우편 daonb@naver.com

ISBN 979-11-90149-09-9 (03400)

이 도서의 국립중앙도서관 출판예정도서목록(CIP)은 서지정보유통지원시스템 홈페이지(http://seoji.nl.go.kr)와 국가자료공동목록시스템(http://www.nl.go.kr/kolisnet)에서 이용하실 수 있습니다.(CIP제어번호: CIP2019046267)